U0044443

煮光陰

【我與阿嬤的好時光】

劉品言／著

自序

緣起

那天下午，大哥在我去三重棚裡拍戲前，送來了阿嬤的蒸蛋跟一大鍋滷肉，要我帶去給劇組加菜，當然，蒸蛋是屬於我獨享的。

滷肉風味依舊，鍋蓋一開，整間攝影棚都聞到了，所有人無不瘋搶那鍋滷肉倒在自己的飯上，獲滿堂彩。

回座開始享用我的愛心蒸蛋，還是溫溫的一口放進嘴裡，霎時間我定格了，好一陣子，才把那口吞下去，我接著一口一口吃，也還沒意識過來該要怎麼反應，只知道，今天蒸蛋更不能分享了。

阿嬤把鹽放成糖了。

從小到大，從來沒有發生過，我還是把它吃完了，看著那空碗，妳知道妳擔心的，開始一步一步的接近妳了。

Thanks.

言

夕陽從窗戶灑進鋼琴上，

阿公琳瑯滿目的古董與茶壺形成一條小道通往廚房，廚房裡永遠在忙碌張羅吃的背影，這些再平常不過的一瞬，瞬間好想牢牢抓緊，只好搭上一趟旅途，細細品味這一路風景，看著人與人之間最美好的牽絆，你跟我，我跟你的。

我們都在這世界裡匆忙，到後來，常常都忘記是為了什麼忙了。我們常常把自己累的一場糊塗，不知道什麼能給你安慰，到頭來，不就是家裡來碗熱湯。

台灣人，以食為天，美食最能傳達道地的人情味。而我的記憶裡，在在都充滿著古早的色香味，老一輩的手路總是讓一道再平凡不過的菜，讓你擁有對家的執念，我想記錄下來，我每一個生命裡的一段畫面，每個味道裡的記憶。

我相信，每個人都有一道菜，一個味道，能讓你充電。在我與你們分享的同時，一定也會有你的，有你自己的故事，有你自己的溫暖，也許你也能用你的方式紀錄下來，如果剛好是家，那乾脆回家吃頓飯吧。

這是這本書裡，我一直在說的，因為只有時間會走太快，所以，如果還有時間，就多留點時間給那些你該在意的。

謝謝這麼尊重作者的出版社，謝謝所有工作人員，謝謝鴻言娛樂的大家，為這本書努力，謝謝孕育我的一切，我的家人們，還有太后，何其幸運有你們。

這本書，獻給以上的大家，也獻給我想溫暖的你們。

Content

Chapter 1

小孩與時候

他們為了小孩細細編了搖籃
一人一手 一編一築
築起了庇護
灌了愛與善良
背了煩惱與責任

睡倒在肩頭的小孩睜開眼
跟著他們的高度看著世界
世界 小孩不懂
但小孩已有了方舟

信任

往後的這些日子，蒸蛋就是件再平凡不過的東西，
但往往在特別的日子，蒸蛋就變成最重要的事。
因為這道菜，那個圓潤的身影，賦予了愛。

從有記憶以來，
油蔥酥加上豬油香，對我來說，就是吃不下飯時唯一的救贖，
發育不良的我（現在倒是沒這問題），常常在餐桌上看什麼都噁心，吃
什麼都害怕，胃好像就是得了自閉症一般不與生人交談。
阿嬤先是把我的好朋友白開水跟白米飯放到我面前後，總以蒸蛋為起頭，
開始勸誘我吃東西，她都說：「這就只是蛋而已，妳昨天才吃的，沒什

麼怪東西在裡面，趕快吃！」

小心翼翼的咀嚼滑嫩又毫無異物感的蛋，配上油蔥的香，燙口的刺激，好像有點餓了，

這時，阿嬤又會若無其事地夾其他菜給我，當然，她的台詞也差不多就是：「這就只是魚而已，沒什麼怪東西在裡面，趕快吃……之類的。」

有著蒸蛋成功的例子，可想而知我會再度嘗試。

蒸蛋，是我對食物信任與依賴的開始。

入行後，每天都過著蠟燭兩頭燒的生活，最嚴重是我的青春期，早上是正常高中生到學校上課，中午後就得請假去拍戲，一直到半夜才能回家，充滿著壓力與睡不飽的生活。

有一天，在學校的廁所，我打給阿嬤，想聽聽她的聲音，想要找一個可以哭的對象，而且她不會給我壓力，也不會懷疑我的能力，我想著：電話講完我應該就好了……確實也好了，帶著微紅的眼睛回到教室上課，雖然有點糗，可是心情舒坦很多。

就在要下課之前十分鐘，學校以嚇死人不償命的音量，大聲地報出：「日二甲劉品言！日二甲劉品言！請立刻到教官室。」

當過學生的你我應該都懂，那雞心般大小的膽差點就破了，腦海反覆回想到底自己做了哪件事要被這樣叫去教官室，走路的腳步也越發地沉重……

遠方就站著一個人影了，就即將要被罵了，在這時一個再熟悉不過的暱稱：「言啊～走快點！阿嬤來看妳內～」

那親切圓潤的身影，就在走廊的盡頭，我加速跑去抱住她，她拉我到了車上，阿公坐在駕駛座，她迫不及待地從紙袋裡拿出了還溫溫的蒸蛋，嘴裡念著有的沒的日常小事，然後按下我的頭，三個人開始禱告起來。

我眼淚潰堤，她說是來為我加油打氣的。

往後的這些日子，蒸蛋就是件再平凡不過的東西，但往往在特別的日子，蒸蛋就變成最重要的事。

因為這道菜，那個圓潤的身影，賦予了愛。

蒸蛋

每次我回家，阿嬤一定會準備這道蒸蛋，一大碗只有我獨享，是阿嬤的愛。

材料

雞蛋4顆
鹽3匙
醬油1匙
鮮味粉1/2匙
豬油1/4匙
油蔥酥1大匙
水1/2米杯

作法

1 取一個碗或小型不銹鋼鍋，把四個雞蛋打散，然後加入調味料：鹽、醬油、豬油、鮮味粉和油蔥酥。

2 將電鍋外鍋加入半杯水之後，把打散雞蛋的碗放入電鍋，按下開關之後開始煮，直到電源開關跳起即可。

BEAR

一碗湯

清燉牛肉湯是阿公的最愛，蠻像這個男人，平平淡淡地在你的生活中，如唇齒，如呼吸。

我想寫寫我的阿公，很想把他介紹給大家。

雖然我不相信自己三腳貓的文藻，能真正把完整的阿公表現出來，但你們一定會懂，阿公跟阿嬤真的是絕配。

「為什麼又要我去跟阿公說？」

這戲碼常常在家裡上演，家族每個成員都跟拜託過我，要我去跟阿公轉達事情，當然，都是小事（但都不是什麼好事）。

仗著阿公疼我，每一次我都保持著一種沒在怕的心情，來打破家裡的低氣壓，或危機救援，可惜小時候覺得撒嬌很遜，不然我一定更能完成任務，阿公每一次也都很配合的回應我，長大才懂，就連阿公的情緒都在讓我。

阿公是一個專注在自己興趣的人，他真心熱愛花草樹木，收集了很多茶壺跟古董，還有泡茶給大家喝。平常有客人來家裡，阿公跟大家分享人生經驗，或曾經讀到的書、正在研究的事，像個說書人般的講歷史，談笑風生、非常健談。而專注起來時，他照顧花草、整理茶壺、修補藝術品、餵魚，阿公也都能跟自己相處，無需言語。

也許是因為這樣，阿公在這個家裡，無形中塑造出一種頗具威嚴的距離感，阿嬤常說，當年其實阿公很想要個女兒，沒想到無心插柳卻蹦出了我這個孫女，就像上天給的禮物一樣，所以我對阿公撒嬌最有用，雖然小時候還不懂撒嬌到底要怎麼撒，反正只要是我跟阿公開口的事，起碼九成都過關。

從我這個身高看著阿公與阿嬤的相處，是互補。一靜一動、一左一右、一主一副，而這對應的角色，他們倆能切換，夫妻之間的吵架彆扭，在他們之間少之又少，即使至今能記得的事情，到他們的年紀，也都不需要記得了。

你們覺得……阿公是個浪漫的人嗎？我想不太有可能這樣形容詞選項會跟阿公連結在一起，但現在長大回想起來，有很多對男人的標準，是不是也從阿公身上看得見呢？那些生活中再自然不過的在意，那種成熟男人的體貼舉動。

阿公生肖屬猴子，阿嬤是兔子，家中每個人的生肖，阿公平時走走逛逛時都會注意，但他對兔子這個生肖卻特別挑剔，每一個都要是特殊的。

阿公記得阿嬤愛吃的東西，只要遇到了，他一定以阿嬤愛吃的為第一選擇，不過後來有了我之後，變成我常先佔了第一選擇的位置。

阿嬤坐車時，坐前座會頭暈，所以都坐後座，阿公就從年輕到老都擔任阿嬤的司機先生，載著愛坐後座的阿嬤遊山玩水，到後來我的加入，我都是跟著阿嬤坐在後座，阿公竟也變我的司機了，每次聽到這故事時，都是阿公自己講的，邊講邊呵呵地笑著。

阿公永遠是阿嬤最「捧場」的食客，阿嬤的手路菜他一吃就是幾十年，到現在我都還是看到阿公拿著一個比飯碗大一點的碗，七分滿優雅的米飯，一口接一口配著菜，飯碗就見底了，他愛吃的菜有幾個，滷肉、麻油雞當然都熱衷，但到這年紀了也都不掛嘴上說了。

阿公最深刻的熱愛，是清燉牛肉湯，如清水一樣透明的湯，上面飄著青綠的蔥花，清楚的看見幾塊牛腩跟老薑靜置在湯裡，清湯裡居然有淡淡的牛香味，毫無一點過於突兀的味道，鹹度、辣度以及香味都是淡淡的，像香氛蠟燭，融入在空氣裡讓你感覺，鑾像這個男人，平平淡淡地在你的生活中，如唇齒，如呼吸。

清燉牛肉湯

阿公最深刻的熱愛，是清燉牛肉湯，如清水一樣透明的湯，上面飄著青綠的蔥花。

材料

牛腩／或帶筋牛肉1台斤
薑1大塊
蔥花適量
米酒1米杯
鹽1大匙
水1公升

作法

1 將牛腩／或帶筋牛肉用清水洗淨，以開水汆燙後撈起。

2 另起一鍋水，將薑切成片之後加進水中，倒入米酒及牛腩／或帶筋牛肉，以小火滾煮約四十分鐘。

3 清湯起鍋前加入鹽，並攪拌均勻即可完成。（蔥花可依個人喜好添加）

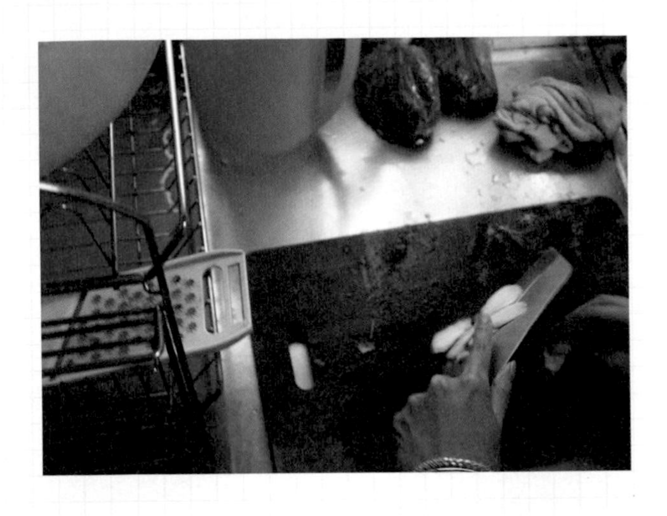

一碗醬油魚

這道菜對我來說，它就像一個記號，一個開啟對家的記憶的開關，用筷子夾一口軟軟的魚肚，和著淋上噴香醬油的白飯，一同送入口中，原來，這就是家的滋味。

「醬油魚」這個可愛的暱稱，佔領我腦袋裡對它的印象。直到要準備出書的時候，我才知道原來醬油魚是虱目魚。

已經好多年沒有吃到這道菜了，在回憶的時候提起：「阿嬤，小時候讓我吃很多飯的魚是什麼魚？」小時候有陣子非常沒胃口，阿嬤說：「妳說的是蒸虱目魚嗎？」「蛤！原來那個軟軟的魚是虱目魚喔？那為什麼跟我在外面吃到的完全不一樣？」「妳小時候怕腥又怕油，我就加了薑跟醬油來蒸啊！妳自己淋在飯上覺得好吃，就吃完一整碗飯啦！」

這幾年在外面吃飯的時候，試著要找尋這個味道，也不是沒有吃過以醬油為基底的蒸魚料理，卻還是那麼恰巧地沒吃到以虱目魚為食材的做法。總之，往後的這些年，都沒有吃到相同的味道了，那個打開味蕾的開關。

再度收到這份衝擊，就在拍照記錄食譜的其中一天，阿嬤端上了這道菜，先聞到的是清淡的醬香，還帶著老薑的驅寒感，下筷點在魚肚，毫不費力的，就像再不小心點就融化了一樣，配上淋著醬汁熱騰騰的米飯，不自主又接了一口，「怎麼到哪兒，都吃不到這種味道？」心想。只要吃到一口醬油魚，無論人在何處，都會像在家裡的飯桌上一樣。我真不知道這個做法怎麼來的，是所謂的台灣料理？還是哪個地方的家鄉菜？抑或是，這就是家庭主婦會出現的搭配？我沒有想深入研究。

因為它對我來說，就像個記號，像相冊裡的照片一樣，碰得到、摸得著的那種真實記錄，還有些你跟當時的社會環境，譬如：邊吃飯邊看電視裡的新聞種種，還有你跟這個人一起分享這道菜的當時情境，都會因為你的味覺記憶，而把這一點點的生活點滴，拼湊出記憶。

現在看著阿嬤的背影，片段的畫面不斷湧現，好像幾乎都是些生活中的小事，那些微不足道的過往。

那個在我三歲時就教我彈鋼琴，不打不罵最有耐性的老師，

出門時，坐在車上讓我一路睡到長大那個厚實又溫暖的大腿，都只有阿公一人坐在駕駛座當我倆的司機。

第一個騎腳踏車載我的人，所以現在該我開車載她，

感冒發燒好像是常常會發生在記憶裡，永遠記得的畫面，是有個人半夜用冰毛巾擦我的臉、身體，按住我的額頭，為我禱告，

她徒手打死即將爬上我臉龐的蟑螂，

當然，最多畫面的，是她在廚房忙碌的身影，雖然柔軟卻也俐落，就像交響樂和諧又熱鬧，爭先恐後不斷冒出的香氣，總是讓人不知道該為哪道菜餓，家裡飯鍋永遠都有熱騰騰的米飯，她是半夜也會起來煮飯嗎？

我怎能不想她？在我出門在外時。

她的味道，菜的味道，就是家。

醬油魚

只要吃到一口醬油魚，無論人在何處，都會像在家裡的飯桌上一樣。

材料

虱目魚肚2片
醬油3大匙
薑絲少許
米酒1大匙
水適量
鹽1茶匙

作法

1 將虱目魚肚用清水洗乾淨之後，放在將拿來蒸魚的盤子上，備用。
2 依序加入醬油、米酒、鹽及少許的水，最後放上薑絲，即可拿去蒸。
3 蒸煮時間依照鍋具不同而有所調整，一般炒鍋加水約蒸十五~二十分鐘即可，電鍋則是加半杯水，按下開關，等待開關跳起即可。

BEAR

BEAR

KLIM

阿嬤的小心機

夏天很熱，連大人都吃不下東西，更遑論我這個本來就不愛吃東西，瘦巴巴的小女孩，於是，最懂我的阿嬤用了點小撇步，開啟我的好胃口。

小時候的我非常瘦，除了臉色蒼白、身高長不高以外，四肢都皮包骨，當大家都在說我怎麼吃不胖、營養不良的時候，都會看見阿嬤閃過一點自責的神情，她每天都在想辦法讓我多吃點，想讓我長點肉，可惜效果不彰。

台灣炎熱的夏天，常常熱到讓人沒食慾，尤其是我這種小屁孩，屁股還有三把火，怎麼可能冷靜得下來。因此，每到吃飯時間，我都用最快的速度把該吃的食物隨便吃兩口應付大人，然後就速速下桌，除了想玩，最大的原因就是一點胃口都沒有，直到阿嬤做了一道料理讓我、讓所有人都開胃了。

那天的廚房好熱，阿嬤過了中午之後還在廚房忙著，她一面哼著詩歌，一面揀菜，我則在冰箱前，吃力地墊起腳尖，想在冷凍庫裡翻找冰棒，翻到一隻淡黃色的檸檬口味冰棒，毫不猶豫就打開吃了，然後悠哉地坐在板凳上陪阿嬤揀菜，一落一落的地瓜葉、龍鬚菜這些我都認識，突然，看到有一落我不認識的青菜。

「阿嬤～那是什麼菜？怎麼一根一根的？」

「那是菜心啦！」阿嬤說。

「菜心要怎麼吃？看起來很硬，不會不好吃嗎？」

「嘿嘿嘿～等一下我把它去皮就好～好吃了！」阿嬤用俏皮的語氣回答。

她拿起一根外觀看起來像是花椰菜下面的花莖，淺綠色、光禿禿地，形狀不一，右手拿著小刀打橫著，一個面一個面地削過去，淺綠的組織都被削下來，露出偏白色的地方，此時，阿嬤就把菜心交給我，要我切成一片一片的樣子。

我很喜歡跟在阿嬤旁邊一起做菜，會有種被信任的小成就感，每一片我都切的很專心，不知不覺中，就把那一落菜心切完了，完成階段性任務之後，不禁更期待它的成品到底會是什麼，我就追著阿嬤的屁股後面，看她一步一步地繼續做下去。

燙了菜心、放涼，然後拿出跟太鼓一樣大的鐵鍋，把菜心都倒進去之後，開始調味，撒了一把鹽就晃一晃鐵鍋，再撒一把再晃一次，這重複又有節奏感的動作，阿嬤也會教我，但我這白骨精的小手臂，要用兩隻手一起，才有力氣晃得動，調味料都放完了，阿嬤一把抓起我的兩隻小手埋進去鐵鍋裡，冰冰涼涼的菜心讓我大叫了一聲，一時玩心大起，跟著阿嬤的手勢攪拌著，由內往外畫半圈，再回到中間，越拌越聞到酸酸甜甜的香氣，越拌越餓、越想偷吃，這就是阿嬤的招式，她讓我躍躍欲試。

酸梅的酸甜刺激了口水分泌，咬下去清脆的菜心，還有淡淡的鹹度在，冰冰涼涼的又不會有黏膩感，放進嘴裡一塊，沒多久又會下意識的再來一塊。

我跟阿嬤說「好~好吃喔！」阿嬤背對著回了一個招牌笑聲，依舊穿梭在廚房各處，而我，也就這麼坐在餐桌繼續吃著那一鍋菜心，吃得好開心，想著：這麼美味的東西，我也有一起做，這種感覺真是神氣。

接下來，桌上開始出現別的菜，手上筷子拿起來挾進嘴裡，上桌什麼菜我就伸筷子挾什麼，在餐桌上待了整個夏天裡最長的一次，吃了好多好多的菜。

我回頭跟阿嬤說：「阿嬤，我餓了~我要飯~」

阿嬤又笑了。

醃菜心

酸梅的酸甜刺激了口水分泌，咬下去清脆的菜心，還有淡淡的鹹度在，冰冰涼涼的又不會有黏膩感。

材料

菜心2支
鹽1大匙
醋1/2米杯
糖1/2米杯
酸梅3～4顆

作法

1 先去除菜心表層纖維較粗的部分，只要留下白色口感細緻的組織。

2 將菜心切成適當的片狀，分批加入鹽巴，記得每加入一次就稍微翻攪一下，再停留一至兩個小時，使菜心軟化。

3 此時，取一個小鍋，將醋、糖及酸梅，用小火煮至滾開，熄火、放涼之後，倒入先前軟化好的菜心，再放置冰箱裡醃製一天（二十四小時）之後，即可食用。

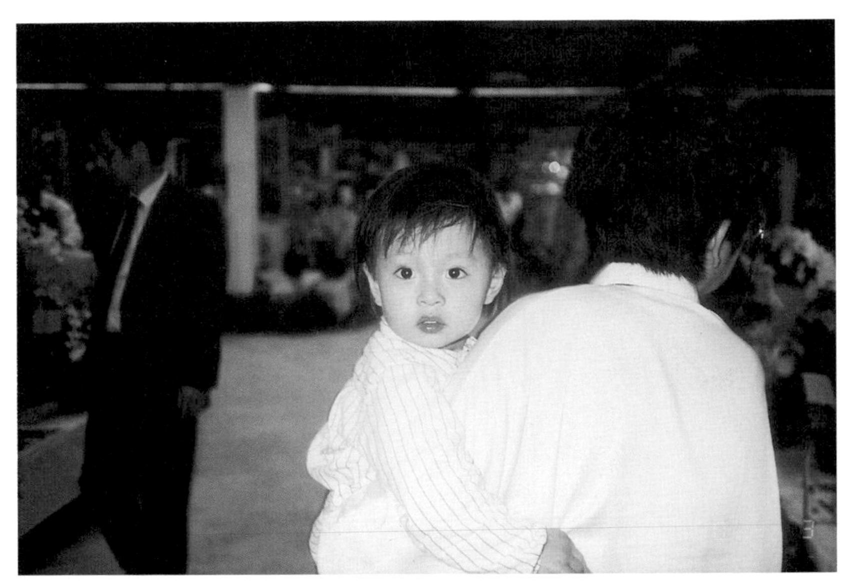

褲褲霸王

阿嬤每次來接我的時候，都會準備一些點心送給幼稚園的老師們，通常都是自己做的蘿蔔糕，下午時間出現這樣的小鹹點心，實在搶手得不得了。

回憶自己的過往，重新檢視小時候，這段成長過程我發現，我不算是個有安全感的孩子。

睡覺時要抓著一塊陪睡毛巾，而且只抓著同一個布緣。

吃東西不吃深色的，總是覺得自己隨時都會中毒，白開水配白飯是最安全的選擇。

去洗手間上廁所都用跑的，因為路途上總覺得後面有什麼東西在追我，到底是洗手間讓我害怕，還是一個人去的路途讓我恐懼，至今也還是沒有個答案。

到頭來我只記得我從小就很愛憋尿，甚至憋到忘記，最後就尿褲子了。

我穿過幼稚園裡每一件褲子，其實……我覺得自己是這所幼稚園的夢魘。剛上幼稚園的時候，我每天都在哭，每天都是太后或阿嬤連拖帶拉的把我拖進教室後，我還規定她們要坐在後面一起上課，太后說我每兩分鐘就會回頭看她們還在不在，如果被我逮到正要離開的話，我就會衝過去抓住「抱緊處理」，誰都不准走，如果已經成功逃離我的視線，離開教室，我就會默默低下頭偷哭一陣子，直到有什麼事情轉移我的注意力才罷休。這樣的狀況，持續長達一整個月，到後來都熟悉了，同學也都認識了，才沒有再上演孟姜女哭倒長城的戲碼。

至於憋尿這件事，我有多會憋尿？我常常感覺不到應該要去解放，直到突然間忍不住，再者，幼稚園的廁所好大，跟家裡的不一樣，有好多門，好多小馬桶，還有一個很寬很長，可以躺一個人的洗手台，這些超大空間，讓我不敢一個人來上廁所，所以就算上課時老師允許去洗手間我也不敢去，加上下課時就只顧著跟其他小朋友一起衝出去玩，哪有時間去上廁所呢，也因此，導致我最常在課堂之間還來不及鼓起勇氣去廁所，就在當下就地解放了……。

要面子的我，每一次都覺得羞羞臉，但大而化之的天性，卻讓我連丟臉的事也可以十分鐘就過去了，一下子就忘記其實現在穿的根本不是自己的褲子，其他小朋友也都忘得一乾二淨，下課照樣一起衝出去，玩得不亦樂乎。

阿嬤每次來接我的時候，就會帶著上次穿回去、洗好的褲子洗好到幼稚園，也會準備一些點心送給幼稚園的老師們，通常都是自己做的蘿蔔糕，下午時間出現這樣的小鹹點心，實在搶手得不得了，大家都很喜歡阿嬤把我托嬰在幼稚園，有時候放學了還來不及接我時，我都跟老師們待在一起，阿嬤就是覺得很常麻煩人家很不好意思，但我深深感覺得到我之所以得人疼，都是因為老師們看在阿嬤這個善良的人面子上。

長大後，有次在跟太后聊天，聊到了幼稚園這段回憶，當然還有我的招牌尿褲子，太后跟我說，其實那時她跟阿嬤都非常擔心，那是一種擔心孩子為什麼會處在焦慮跟不安的心情。

慶幸當時每個老師，還有阿嬤都給了我很多的愛，一點一點地建立信任，才在無形之中一點一滴將小女孩拉拔長大。

現在每天出門幾乎都還是會經過幼稚園，每次經過，都有美好回憶浮在眼前。

蘿蔔糕

煎到兩面赤赤黃黃，嘗起來外面酥脆、裡面軟嫩的蘿蔔糕，是下午最佳點心良伴。

材料

在來米粉1包（約400克）
水10米杯
白蘿蔔1台斤
紅蔥頭5大匙
開陽（乾蝦米）1兩
胡椒粉少許

作法

1 先製作粉漿，用五米杯的水將在來米粉溶解之後，放置一旁備用。

2 接下來炒料，可將紅蔥頭、開陽爆香後，加入蘿蔔絲及五杯水拌炒至蘿蔔顏色變透明，撒上胡椒粉之後，即可起鍋。

3 將做好的粉漿，加入炒好的蘿蔔絲拌勻，倒入要蒸煮的器皿中，用大火蒸一小時即可。

像文英阿姨的阿嬤

我的阿嬤

我弟弟

在帶我長大的這個任務中，阿嬤有兩個小幫手，兩人個性天差地別，卻都以各自的方式陪伴我長大，他們是「我弟弟」。

大家都知道小老師或小幫手的意思吧！

Well……在帶我長大這個任務裡，也有兩位小幫手，分別是大我十八歲跟二十三歲的哥哥，我跟著他們一起成長。

阿嬤在忙的時候，就是他們為我把屎把尿，即使手忙腳亂，還是努力試圖不要把我餓死。

他們也陪我一起玩，但你們可以想像那會鬧出多少笑話，有如網路上爸爸單獨帶小孩的影片一樣，總是有永生難忘、好氣又好笑的幽默片段。

我是他們的跟屁蟲，最倒霉的是他們連談戀愛的時候還要帶上我，我是史上最亮、最理直氣壯的電燈泡，但沒辦法，因為阿嬤有交代，所以只好約會都帶我出門囉！

當然啦，我也是有點功用的，情侶難免吵架，只要有我在，通常都可以大事化小、小事化無，要買什麼送女友，情書該怎麼寫，都很習慣的聽聽我這個「姊姊」的意見。

是不是要男生自己帶小孩很為難？

現在回頭想想我小時候的經歷，也是覺得自己能活著，真的是主有眷顧啊……。

小時候，阿嬤不讓我一個人在家，所以只要阿公阿嬤出門做禮拜或練唱時，都有其中一個哥哥會回來照顧我，兩個哥哥個性截然不同，大哥都是用一種在照顧小寵物的方法對待我，大哥的女朋友也很有母愛（就是現在的大嫂，我都叫她歐巴桑小姐）。

大哥跟大嫂在一起好多年，在我有記憶以來他們都伴著我成長。

第一次去夜市吃宵夜，臭豆腐從那開始就臭到讓我不敢恭維。
第一次有BB call，我的代號是六七一，台語流鼻涕的諧音。
第一次在外面尿褲子，因為覺得丟臉到自己哭了，還是大嫂幫我擦乾淨的。
第一次倒立，但大哥不小心失手手滑了，害我頭撞到地板啦！
第一次體驗打工，是在大嫂工作的書局裡，她讓我站在收銀台幫客人結帳。

二哥呢……嗯……講好聽點，姑且說，他把我當兄弟在照顧吧！反正他餓的時候我就只有蒜片飯吃，他要約會時，我就會被帶出門一起赴約，他要上班我就被帶去上班，當然啦，既然都是兄弟了，巧手二哥——我好多美術作品也都是他做的！

而二哥也是用他的方法伴著我成長的重要人物。
嚎啕大哭的時候，他放陶喆的歌給我聽，而且開得比我的哭聲還大，我就懶得哭了。
肚子餓的時候，他會去炒唯一在阿嬤身上學得最像的蒜片飯給我吃，也沒在管我營養均不均衡，因為這是他唯一會做的了。
如果被交代要哄我睡覺，對！他就會一面打電動，一面用腳推搖我的搖椅，我竟然也能睡得著，也是醉了。
他會陪我玩玩具，跟扮家家酒的遊戲很像，只是我小時候他給我的玩具是板手跟千斤頂，他會教我換輪胎……。
他會興高采烈地說要帶我出去玩、帶我遊車河，其實是要去試試他新改好的車子性能，性能還真好，甩尾甩到我心臟都快飛出去了。

縱使他們永遠搞不懂這小女娃喜歡什麼，
但只要在回家的時候，摸摸那個在牆上記錄著我長高的痕跡，
他們就會開心又滿足。
在牆上的兩個人筆跡，天差地別到讓人覺得好笑，跟個性如出一轍，
這兩位高個子的「弟弟」一下把我當寵物、一下當燙手山芋，
一下是我的靠山、一下又把我弄哭，
打打鬧鬧的也都長大了，他們現在都當爸爸了。
在他們心裡、在我心裡，
那些加在家裡的青春，就像蒜片一樣，要焦不焦、又脆又有嗆香口感，
卻總是令人懷念的那一味，少了它不行。

蒜片飯

那些加在家裡的青春，就像蒜片一樣，要焦不焦、又脆又有嗆香口感，卻總是令人懷念的那一味，少了它不行。

材料

冷飯2碗
蒜頭4～5顆
醬油2匙
油1大匙

作法

1 先將蒜頭剁碎之後，備用。
2 起一個炒鍋，放入一大匙油，等油熱之後，再將蒜頭倒入鍋中爆香。
3 加入飯及醬油，炒至香味四溢之後，即可起鍋。

ひょう
がら

生意仔

我們都是被阿嬤寵壞、有口福的人，能吃到阿嬤煮的東西，就盡量不會自己做，希望翻到任何阿嬤留下來，立刻可以吃的東西。

潘格倫跟幸芬阿姨是我的大哥大嫂，從學生時期就在一起，一直到現在結婚生小孩，感情甜蜜依舊，至今都常常用只有他們倆懂的幽默在相處，當然啊，在一起這麼久，絕對沒辦法逃過我要當電燈泡的魔咒。

大哥最常騎摩托車帶著我去逛夜市了，小小的我被他們倆夾在中間，騎去不遠的士林夜市，每買一樣東西都可以三個人一起吃，每次都可以吃到好幾種，回家還不忘要幫阿嬤買個宵夜，他倆老人家宵夜場居然是吃很臭的臭豆腐，我不敢恭維。

人生有幾個第一次都是他們帶我的，第一次去夜遊，第一次去博香腸，第一次去KTV唱歌，還有一個最酷的——就是我第一次打工。

幸芬阿姨在一間書店上班，阿嬤沒空管我的時候，我就會被丟包到幸芬阿姨工作的地方，因為書店裡每個人都是看著我長大的，每個人都知道我就是「牧師娘帶的小女孩」，所以我進出書店，就像是進出自己家一樣自在。

有一天，阿姨跟我說，妳有打工的經驗嗎？（當時的我才十歲，真的！），我說沒有，阿姨一直以來跟我的溝通，都把我當大人在講話，只是我沒想過她已經想到這麼遠了，接著她就說，妳來書店這裡也沒事做，要不要乾脆學一點，多幫忙大家，我欣然答應了。

我的第一份工作，書店打工，老闆是幸芬阿姨，一小時有三十塊，我覺得自己很厲害，好有成就感。

每件事情我看起來都好簡單，應該說他們願意交給我的工作，肯定都已經把困難的部分做完了，所以我游刃有餘，小到掃地、貼新進貨的售價標籤、書本歸類，大到站收銀機變櫃檯，發票要打什麼品項，都在阿姨的實際操作教育下完成，大家都說我學得很快，殊不知我這個「生意仔」腦筋已經動到更多地方去了。

打工一陣子後，我跟阿姨說：「阿姨，我想跟妳買一整盒的橡皮擦。」

阿姨：「好啊，可是妳一次買這麼多，用得完嗎？」

我：「是這樣，阿姨，我想帶去學校，橡皮擦大家都會用，我多賣個五塊錢，兩個就賺了十塊，一盒有二十個，我一盒就可以賺兩百塊。」

語畢，阿姨笑了，她答應我可以賣給我七折的價錢，然後要我在學校以售價賣出，於是，我以橡皮擦試水溫在學校賣，發現生意好好喔，書店裡的東西比較特別，有可愛圖案的橡皮擦大家都好喜歡。

所以，我後來除了賣橡皮擦，還賣自動鉛筆、筆芯、紋身貼紙，每樣東西我都獲利幾塊錢，沒想到一個月的時間我就被班導師寫聯絡簿告知家長「學校內不能有商業行為」。

太后看到聯絡簿裡老師這樣寫，很嚴肅地問我在學校賣什麼？

我很認真的回答著商業ＳＯＰ，還跟太后說因為學校福利社賣的東西都很醜，大家都不喜歡，所以覺得如果我看到喜歡的東西，多帶一些來分給同學，有什麼不好？

太后依舊臭著一張臉問：「所以妳賺了多少錢？」

我一臉誠懇的說：「我跟幸芬阿姨那裡買來的東西我都賣完了，剩幾張紋身貼紙，我一個圖一個圖剪下來賣一個一塊就不會虧錢，所以算下來應該有兩千多塊吧，媽……這些錢我不是偷來的，是他們自己來找我買的，我不會要還給他們吧？」

太后終於大笑的說：「哈哈哈哈哈~妳是說妳每天帶著這些東西去學校，多收了幾塊錢，不知不覺就賺了兩千塊?!女兒妳怎麼這麼厲害啊！」

直到這一刻我才懂，原來太后不是在生我的氣，這件事情本身沒有做錯，只是不能在學校裡而已，那也沒關係，我的第一次做生意就有了美好的經驗。

在書店裡忙來忙去的時候，我總是很容易餓，除了吃點零嘴以外，最期待的就是格倫大哥來接我們回家，每次三個人都是處於肚子餓扁的狀態，期待看到阿嬤這位燈塔在廚房出現，可惜，今天回家的時候阿嬤不在家，我餓到嘴嘟嘟的坐在廚房，看著他們倆的背影在那裡忙東忙西，因為我們三人都是被阿嬤寵壞、有口福的人，能吃到阿嬤煮的東西，就盡量不會自己做，希望翻到任何阿嬤留下來，立刻可以吃的東西。

沒想到，阿嬤早就猜到了，在爐上有一鍋已經煮好的豬腳，蓋子一打開整個滷汁味道立刻充滿廚房，每塊豬腳看在肚子餓到貼背的人眼裡，無不閃閃發亮，幸芬阿姨拉著我一起煮麵線，笑著說在阿嬤旁邊只要會洗碗就好了，只要有阿嬤在就絕對不會餓肚子，其實，還不是因為阿姨怕阿嬤辛苦，所以永遠都是阿姨在洗碗。

我們三人屁股都沒有坐下來，就這樣站在爐旁邊，撈起豬腳跟湯汁，拌在剛燙好的麵線裡，吃得不亦樂乎，當時的我，在孩子的世界裡就像個「半大人」，格倫大哥和幸芬阿姨則用他們自己的方式帶著我長大，現在我也大了，該我用他們的方式，帶著他們的孩子一起成長。

滷豬腳

滷到入味的豬腳，Q彈有嚼勁，滿滿的膠原蛋白，幫愛美的女孩做了最好食補。

材料

豬腳1隻
醬油3/2米杯
薑2片
米酒3/2米杯
蔥3根
水適量（以蓋過食材為主）

作法

1 將豬腳用清水洗淨後，以開水氽燙後撈起備用。

2 將豬腳放進鍋中，倒入清水加到蓋過豬腳為主，然入加入醬油、米酒、薑片及蔥段，用小火滾煮至豬腳軟化。（豬腳軟硬度，可依個人喜好決定，原則上是煮一小時左右即可）

Chapter 2

教會與公主

追啊追著哥哥姊姊的屁股
又哭又笑又打小報告
迎啊迎著來來往往不害臊
大人們都對著我笑
推啊推著就上台唱歌跳舞
還沒懂怕生是什麼
跟啊跟著走遍從南到北
阿公牽　遊山玩水
到哪都丟不了　像有聚光燈一樣
到哪都不能丟　小公主是心頭肉

大家的飯湯

一碗湯泡飯，代表的不只是餵飽空虛的腹肚，還填滿了來到教會的夥伴們的心靈，不怕給予，分享自己所擁有的力量，這就是善良。

學者說，藍色是信任，良善、向上的顏色，
所以迪士尼童話很多公主的衣服都是藍色。
長大之後才看得懂，
很多給小朋友看的卡通、聽的故事，都有著善良的信念，
用一種寓教於樂的教育，在感染著孩子們。
我有沒有從小就喜歡的卡通？
有，我好喜歡宮崎駿，至今都是。

但，關於善良，

長大後我才發現，原來我如此堅信著善良，

當然，接觸善良時我不懂它叫善良，我只是被它影響了吧！

每個星期三、星期五還有最多人的星期日，都是阿公阿嬤最忙碌的時候。

星期三做查經禱告會，我常常都是睡在阿嬤腿上那個突兀的常態，

星期五聖歌隊為星期天排練做準備，司琴常常是阿嬤，指揮都是阿公，

星期日從九點到中午後的禮拜時間，每個教友來往的交談、禱告聲，

飄散在四周的空氣中，

我都真的覺得阿公阿嬤參與著每個人的人生，

他們對每個人說出口的關心，貼近而實在；

他們不太談論八卦，卻用最自在不過的人情味付出了愛與信仰。

阿嬤沒事就幫人準備大家各自喜歡的菜，煮到什麼就為誰多包一份；

阿公禮拜中傳達信仰，做完禮拜跟大家聊天，參與大家的生活。

那鍋再簡單不過，幾乎一個小孩高的湯泡飯，

永遠被大家一個一個、一碗接著一碗，跟零食一般，吃飽又各自裝各自

帶回家的量。

純喝湯吃料也好，配點飯也飽。

大家都可以找到自己最舒服的位置，聚集聊天，或隔著點距離參與別人的話題，
好像每個都是再平常不過的星期天，
阿公阿嬤掛心著別人的家庭，關心小孩的成長，多一份加菜的好意
無不讓人覺得溫暖，
阿公阿嬤哪裡來這麼多心思能夠裝載這麼多人的事？
那是種心的力量，給予並不會讓你少塊肉。

不怕給，分享你擁有的力量或是幫助，
在我的理解裡，這就是善良，
聰明是種天賦，善良是種選擇，
我的阿公阿嬤，選擇了這樣的方式，無形的教育、感化，
最重要的是，他們用自己，渲染了大家。

湯泡飯（飯湯）

湯鮮料多的湯泡飯，熱呼呼的，一端上桌，再疲憊的身體，也被撫慰了。

材料

豬肉絲 4兩
香菇5朵
竹筍2支
豆包5片
紅蘿蔔1/4根
花枝1隻
土魠魚5兩
蛤蠣半斤
胡椒少許
油蔥酥1大匙
櫻花蝦米1大匙
芹菜末少許
醬油1大匙
水5米杯

鹽1茶匙
油適量
鮮味粉1茶匙

作法

1 將豬肉、香菇、竹筍及紅蘿蔔切絲，花枝切成塊狀，備用。

2 先爆香起一個熱鍋加入適量油，將豬肉絲與香菇絲一起入鍋，爆炒至香味出來，起鍋放置旁邊，備用。

3 土魠魚切小塊後，下鍋和醬油拌炒至香味出來，起鍋放置旁邊，備用。

4 製作蛤蠣湯，先將蛤蠣用水燙開，挑起蛤蠣殼，僅留下肉和湯即可。

5 將豬肉絲、香菇絲、竹筍絲、豆包絲、紅蘿蔔絲及花枝塊加到蛤蠣湯裡熬煮，湯滾之後，再加入土魠魚塊、蝦米及油蔥酥，一起煮五分鐘後加入鹽，即可起鍋。（芹菜末則依個人喜好加入）

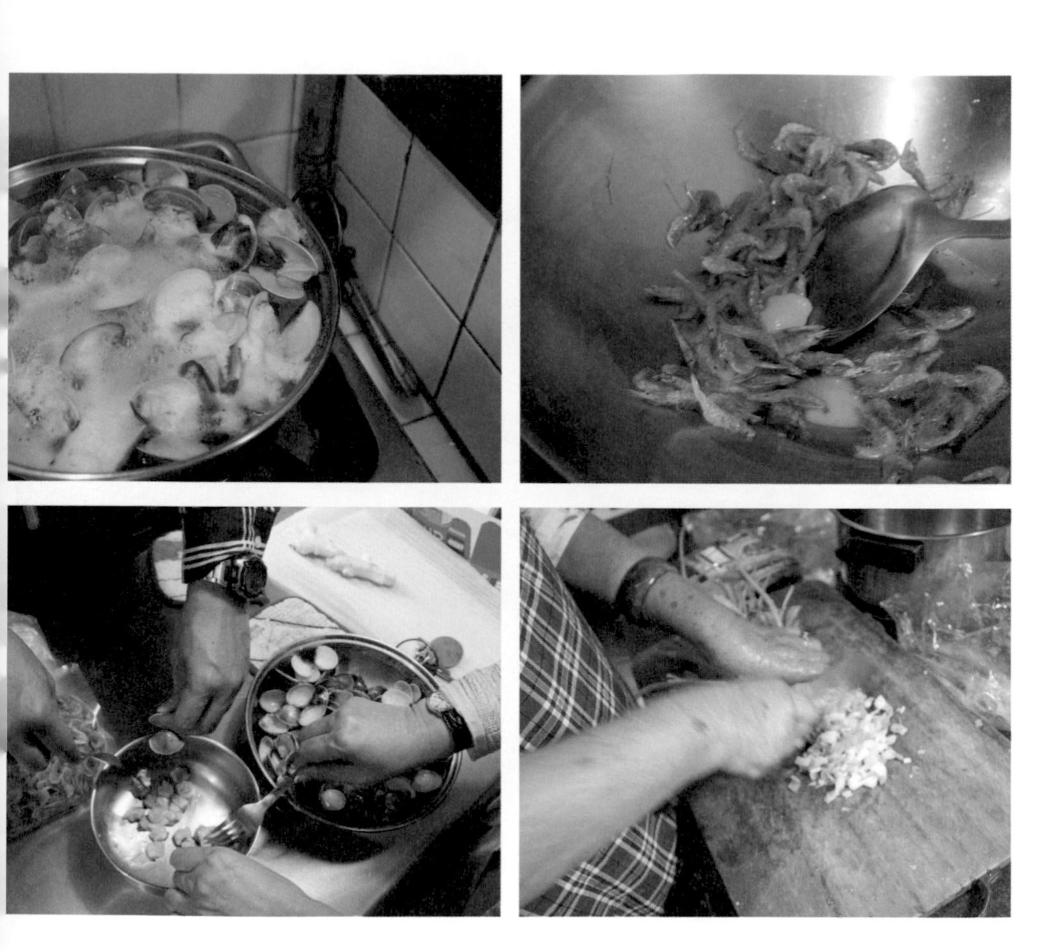

鋼琴課

為了鼓勵我們認真學琴，阿嬤每周都會變出一道小點心給我們吃，這道小點心，是獎勵，也是阿嬤懂我體貼我，帶領我進入音樂世界的方式。

阿嬤是我第一個鋼琴老師，從五歲開始，她就安排每星期有一天下午教我鋼琴，記得還有教會主日學裡比我大的兩個姊姊一起上課，阿嬤會因著每個人程度不同，特別安排一對一各上一小時，相當專業。

阿嬤平常幾乎沒有嚴肅過或兇過，就只有在上課、身為一個鋼琴老師的時候，會稍微嚴肅一些，也許就是嚴肅時候太少了，我常常就是沒做功課、沒練琴的那一個，賴皮了阿嬤也捨不得處罰我們，頂多就是念兩句，也或許正因如此，讓一個小朋友不會排斥學琴吧！

每個星期三下午，一開始都是兩個姊姊先上課，我是那種自己很會找事情做的小孩，等待的時候，就在阿嬤視線裡玩耍，姊姊們下課後輪我坐上鋼琴前，記得我是從那本學古典樂的小朋友必彈、有著紅紅外皮的拜爾開始彈起，阿嬤都要我的手像握一顆蘋果一樣，架好手指頭，學著看譜的時候，要一直數五線譜音符住在第幾格房子，等我認完它們住哪的時候，幾乎就下課了。

坐不住的小朋友，總是會在學認譜的時候鬧彆扭，怎麼樣都認不得誰住那裡，此時，阿嬤就會說：「卡緊誒～等誒煮好吃的東西給妳吃！」而我又會被軟化地繼續面對那本紅紅的樂譜，一個音符一個琴鍵地彈，根本稱不上流暢，更別提悅耳了。

阿嬤就這麼有耐性地教了我三年，每個星期都要想一個課後點心給我吃，我最喜歡的是洋蔥餅，也許因為是用炸的，阿嬤很少會做炸的東西給我，可是炸的東西就跟麥當勞薯條一樣好吃啊！

看著阿嬤俐落地把洋蔥切好，混上一點麵粉揉成圓形，從手裡溜進去油鍋，立刻發出「嗶嗶剝剝」水分在油裡的聲音，我跟兩個姊姊帶著玩扮家家酒的愉悦心情，殷勤地擺上碗筷，等洋蔥餅一上桌，三個人都沒使用剛才擺得煞有其事的家家酒碗筷，全部都舉起萬能的雙手，直接拿起來吃了！

洋蔥餅燙得可以，阿嬤知道我不愛油的味道，所以把多餘的油份瀝乾，洋蔥丁凹凹凸凸地在球體表面，看起來就有種滑稽感，一口咬下去，完全沒有洋蔥的嗆辣味，就只有甜甜的蔬菜味，而酥脆炸物的涮嘴就是引誘犯罪，絕對會讓你再次伸手，再吃一口。

我的人生當中有過六位鋼琴老師，阿嬤是第一位——也是我的啟蒙老師，她一步一腳印地教，不想讓孩子對學習產生排斥感，還想盡辦法來對付我的拗脾氣，讓我永遠拗不過她，她絕對不是教學經驗最厲害的那個，但她一定是讓我最聽話的那一位（畢竟我是換老師紀錄保持人）。

記得我第一次見到我人生的第二位鋼琴老師，她不苟言笑地只說了一句：「來！我們來測試妳的程度。」這句毫無溫度的開場白，害我緊張到四肢僵硬、坐在鋼琴前，彈了一首唯一背得起來的《小奏鳴曲》。

當下我才了解阿嬤這三年來在幹嘛，阿嬤知道孫女愛面子，於是，她用自己的方法教我，讓我在其他老師面前不會感覺到丟臉。

那真的是我唯一會背的《小奏鳴曲》，從那天開始，我有比較不偷懶了。

洋蔥餅

洋蔥丁凹凹凸凸地在球體表面，看起來就有種滑稽感，一口咬下去，完全沒有洋蔥的嗆辣味，就只有甜甜的蔬菜味。

材料

洋蔥1顆
麵粉200克
雞蛋1顆
糖1大匙
醬油1大匙
胡椒粉少許

作法

1 先將洋蔥切丁備用，大小約為一．五公分正方形即可。

2 取一鋼鍋，依序倒入洋蔥丁、麵粉、雞蛋、糖、醬油及胡椒粉少許，攪拌均勻。

3 用湯匙挖出一球洋蔥丸，大小可依照自己喜好決定，起熱鍋，倒入適當的油，下鍋油炸至其表面呈金黃色，即可起鍋享用。

烏托邦

這些同樣看著我長大的長輩們，總是在收到阿嬤分給大家的東西時，露出稚氣的笑，他們都跟我一樣，都黏著我們眼裡的那個人。

老實說，我到現在還是不知道這是什麼菜。什麼龍葵菜，什麼這菜營養價值怎樣怎樣，什麼這菜有多稀有或有多難種，我跟你們對這個菜的看法不同，對它的印象還是只停留在小時候，阿嬤經過任何有田、有草、有綠綠的地方，都會搜尋一下這菜的蹤跡，如果有，她就會停下來拔，所以它對我來說，就是阿嬤版本的路邊菜粥，這樣想很合理吧？

從小我就看阿嬤在拔菜，回家挑菜再揀菜，下午時分，進廚房我都得像在玩跳格子一樣，避開踩到一落落一區區正在晾的菜，我們家哪有這麼多人要吃飯啊？（更何況那兩個哥哥不愛吃菜），還不都是因為阿嬤每次都會多拔一些來準備分給更多人（我媽就是其中一個），這些同樣看著我長大的長輩們，總是在收到阿嬤分給大家的東西時，露出稚氣的笑，那時候都會覺得離他們好近，他們都跟我一樣，都黏著我們眼裡的那個人，那時的我只明白這點，就像我從沒想通，怎麼收到從路邊拔的菜會有這麼開心，大人們的禮物真奇怪。

現在，我才知道，其實是我們都愛黏著那個人，無論她給了我們什麼，都是種關懷，都是種無私的愛。

我覺得神職人員，在某種程度上，像是信仰去接觸人類的觸角，阿嬤這家人，在阿公的帶領下，盡心盡力地讓大家感受一個溫暖的信仰，每個家庭成員也把他們從信仰中獲得的扎實，轉化成對教友的奉獻，對社會盡一份心。

而這動盪不安，人心惶惶的世界，真的需要更多的愛啊！

今天，也是個平凡的一個下午，阿嬤叫我抱著一堆她揀好的菜，拿去隔壁鄰居阿嬤那裡，鄰居阿嬤開門接過我抱得笨手笨腳的菜之後，拿了兩個很重的菜頭給我，要我拿回來給阿嬤。

阿嬤嘿嘿嘿的笑著，說這次的菜頭一定很甜，

然後又喜滋滋地跟我分享，哪天誰又送了薑過來，

她又在市場找到什麼菜種子可以種，

鄰居蕭伯伯打包了筍子，隔天又送來了地瓜，在家裡一起烤……。

有人經歷過這樣的生活嗎？或是有人還記得嗎？

那種社會和諧、不太計較的氛圍，那種不寸金寸兩的以物易物模式，在現今這個時代中，我在阿嬤身上還看得到。

而因為有她的存在，不僅支撐了一點烏托邦的夢想，也讓我們發現：還有很多人，那個時代的人，正在等我們努力改變。

龍葵菜粥（烏甜仔粥）

一碗熱騰騰的菜粥，看似作法容易，但代表著卻是阿嬤無所不在的關心。

材料

龍葵菜半台斤
豬絞肉2兩
香菇3朵
丁香魚乾2大匙
干貝10顆
櫻花蝦米1大匙
油蔥酥1大匙
米2米杯
水6米杯
鹽1大匙
胡椒粉適量
太白粉5大匙
鮮味粉1茶匙

作法

1. 將龍葵菜用清水洗淨瀝乾、香菇切絲後，備用。
2. 起一個油鍋，放入豬絞肉及切絲後的香菇，一起爆炒至香味出現，再丟入丁香魚乾，翻炒片刻直到丁香魚乾的鮮味出現後，起鍋備用。
3. 起一個鍋，倒入六米杯的水，將米用清水洗淨，倒入水中之後，開始熬煮。
4. 等待煮米的鍋中水滾之後，加入洗淨瀝乾的龍葵菜，以及炒過的豬絞肉、香菇絲、丁香魚乾，最後再將干貝放入，用小火滾煮十五分鐘。
5. 起鍋前加入油蔥酥、櫻花蝦米及鹽，最後以太白粉勾芡即可完成。（胡椒粉可依個人喜好添加）

我和我的好勝心

我到底是為什麼哭呢？長大後，這個哭常常讓我想起，是受委屈？還是覺得大家都不知道我有多辛苦？

拉麵是一個什麼故事？

是一個關於好勝心強，又愛面子的故事。

星期天做禮拜時，每次都會跟著阿嬤的腳步提前偷溜到樓上廚房偷吃東西，今天阿嬤的態度不太一樣，她很急。

原來是二哥答應要去市場拿的麵，到現在還沒有拿上來，時間很緊，剩半小時就差不多是大家要吃東西的時間了，阿嬤對著我喊：「快點！妳快點去市場麵攤阿姨那裡拿我們的拉麵！來不及了！」

我把手上正在吃的地瓜一丟，用最快的速度奔下四層現在看起來如藤蔓般旋轉的樓梯，拔腿就往市場跑，一路穿過了洗車場、河堤口、市場口，還有一堆人，終於來到麵攤阿姨面前，上氣不接下氣地報上我是牧師娘家裡那個妹妹的名號之後……。

我糗了。

兩公斤的麵，一公斤一袋，麵攤阿姨看著我這個既沒有交通工具，又營養不良白骨精的十二歲小身軀。

阿姨說：「唉呦～妳這樣是要怎麼拿？很重ㄋㄟ，阿姨要顧攤子不能幫妳提耶！」

我說：「沒關係，我可以！」

阿姨：「不行啦～真的很重，妳醬子拿袋子很容易破掉啦！妳等等，我去找推車。」

我：「不行啦！阿姨～大家都要吃飯了，來不及了。」

說完，還沒付錢，我就跑了，當然不是因為我想賴帳，而是根本不記得，當時的我只有一個目標，就是趕快讓大家有中餐可以吃。

它們真的好重。

麵攤阿姨的麵條一定真材實料到一個極致，它們真的重到手心因為塑膠袋重力而整個漲紅，我一路跑跑停停，能停多短就停多短，好不容易穿越了熱鬧的市場，每個被我撞到的人都來不及説對不起，一出市場就接上困難重重的回程路途。

我眼睛裡都是淚水，實在是又重又痛，還有我覺得自己已經快要辦不到了的那種不甘心，終究不願意停下腳步，所以低頭看看自己已經被塑膠袋重力加摩擦力所炸紅的小手心，咦？沒有傷口啊？也沒有流血，那就是不會受傷的意思吧！念頭一轉，一鼓作氣地把兩公斤的拉麵再度提起狂衝，到了樓梯口，不知道哪裡來勇士的意志力，一把抱起這兩袋麵爬樓梯，拉麵完全擋住我的視線，無法目視我到底踩到了哪一階，只憑著從小對這樓梯的熟悉度而加快腳步，終於進到了廚房，大喊著：「阿嬤！麵來了～」

這會兒，阿嬤早已經燒好一大鍋熱水，跟旁邊另一鍋已經煮好的料，焦急的等著跟麵結合，她迅速地接過擋住我整顆頭的兩袋麵，開始專注地執行她的長才，我則像一隻歷劫歸來的戰馬一樣，脱下使命的盔甲後，立馬跌坐兼軟癱在餐桌上，配樂是歌仔戲前奏一般的煮菜聲，還有我停不下來的喘息。

此刻，二哥終於出現了，被叫上來把煮好的麵抬下去，他進廚房看到我，彎下腰，把頭塞進我與餐桌平行的視線裡，然後樂天的說：「辛苦啦～市場好遠喔，妳還用跑的，不用跑啦～大家晚點吃東西也沒關係！」我看著他，眼淚不爭氣地從我左眼滑過我不低的鼻樑，然後滴到桌上。他說：「哎呦～流目屎誒！」説著就抽了張衛生紙給我，我覺得他好討厭，嘲笑我的目屎，我也有感覺到阿嬤有回頭看我一眼。討人厭又不懂哄女生的二哥下樓了，我還是不想動，依舊呈現癱軟狀態，賴在餐桌上。

我到底是為什麼哭呢？長大後，這個哭常常讓我想起，是受委屈？覺得大家都不知道我有多辛苦？

應該有。
是覺得面子掛不住，這麼點小事都辦不好？讓大家晚吃飯了？
我想也有，可能我忘記自己幾歲了。
我好像意識到自己好勝心、求好心切有多強了。

阿嬤在客廳對我喊著：「要下去囉！」我還是無力回答。
這時，我感覺到癱軟在餐桌上的這隻手，手心癢癢的。
原來是阿嬤經過我，放了一小包老中藥店有的梅餅在我手中，
手心一握，起身跟阿嬤下樓。

其實，就是想有人鼓勵鼓勵我而已。
或是其實，我就愛跟阿嬤討拍吧！

阿嬤與喜感的我

拉麵

湯頭濃郁的一碗拉麵，帶我回到兒時，那個不經意流露出自己好強、愛面子個性的下午。

材料

拉麵2卷
絞肉1兩
香菇3朵
蛤蠣2兩
高麗菜1/4顆
芹菜末少許
油蔥酥少許
櫻花蝦米少許
水6米杯
鹽1茶匙
鮮味粉1茶匙

作法

1. 將香菇切絲、蛤蠣洗淨，高麗菜切成適當大小。
2. 起一個油鍋，放入絞肉及香菇切絲，一起爆炒至香味出來，放置旁邊備用。
3. 製作蛤蠣湯，將蛤蠣用水燙開，僅留下肉和湯即可（殼需挑起）。
4. 起一個熱水鍋，放入麵條，將麵條表面的麵粉燙掉（等於半熟）後，撈起。
5. 將麵放入煮好的蛤蠣湯，再加入炒好的絞肉、香菇及高麗菜絲，一起用小火熬煮，煮滾後加入油蔥酥、蝦、鮮味粉米及鹽調味，即可完成。（芹菜末可依個人喜好加入）

劍潭基督教會

豬肉火鍋
65
培根火鍋
110

在愛裡，我們都一樣

在這裡，我們都一樣，就跟水餃相同，就算外在長得不一樣，下了鍋之後，都是好吃的水餃，就像在愛裡，我們都一樣。

在教會，一起做菜這件事，不能免俗地變成主日學或青少年團契的活動，隨著年齡的成長，我幾乎都參與過。

當然，從小在這樣的團體中，我怎麼看都像個公主，穿的衣服好像都有搭配過，頭髮都有打扮過，加上一直以來不管在主日學或是青少年團契，我幾乎都是年齡最小的，所以大家都把我當小妹妹一樣，讓我三分。

能跟這些年齡相仿的人待在一起，就如同去學校一樣開心，教會還比較沒有學業壓力一點，每個星期天大人在做禮拜時，就是我們的聚會時間，星期六也是，除了聽聖經故事外，有好多好多時間在玩，一直玩一直玩，讓我來跟大家分享在這些日子裡我學到什麼，聖經故事都傳達了一些寓意，潛意識裡確實有深耕一些觀念，這是大家想得到的，其他的⋯⋯。

我怕說出來大家會嚇到。

我學會用橡皮筋做彈弓，後來還帶去學校射欺負我的男生。

學會幾個小魔術，加上我臉這麼會表演也挺唬人的。

我學會用小黑髮夾開喇叭鎖，後來厲害到連車子後車廂的鎖我也會開。

學會吐口水，而且是從樓上吐下來那種。

我學會怎麼跟阿嬤要錢去對面的雜貨店當大戶，可以請大家吃王子麵。

學會有男生欺負我的話，我要打哪裡，團契裡的哥哥親身示範，看他痛成這樣我確定我是學會了。

學會玩鬥片，我超強，原來賭博從小就吸引我。

我學會玩四驅車，而且有二哥幫忙，我的車速與技術永遠贏過一票男生。

我學會好多有的沒有的東西，在教會的每個小朋友，來自不同的家庭環境，不同背景，不一樣的生活方式，不一樣的家庭教育，大人們所謂的社會階層，在教會裡根本沒有這個界線，尤其我們小朋友，在這裡，我們都是一樣的。

只要阿嬤說今天中午吃水餃，小朋友就會主動衝上去說要一起包，七八個小朋友都擠在餐桌旁邊，人手一塊麵皮，用小手指挖阿嬤剛拌好的餡兒，玩起來每個人臉上都是麵粉，弄到眼睛都還笑得出來，衣服都變成麵粉與餡兒的畫布（這大人都笑不出來），捏出各式各樣破綻百出、這裏漏、那裡破的水餃，總是把阿嬤與老師弄得好氣又好笑，有的時候還有阿嬤安排的小驚喜，會在某一顆水餃裡放一顆紅棗，誰吃到誰就有小禮物，小朋友當然無所不用其極的想在那顆水餃上做記號，但下鍋煮完後，每個看起來都差不多，記號一點用都沒有。

到了吃飯時間，看到教友們吃得津津有味，看到奇形怪狀的水餃也是笑呵呵，每個人都說好吃，其實挺有成就感的，小朋友還在搜尋每個碗裡的紅棗水餃，有時候本來在別人的碗裡，教友們都會讓給小朋友，就會變成大人小孩集體搜尋紅棗水餃的遊戲，好好玩，真的好好玩。

在這裡，我們都一樣，就跟水餃相同，就算外在長得不一樣，下了鍋之後，都是好吃的水餃，在教會裡，我學到跟大家一樣，大家也待我相同，每個人都有每個人的長處，要懂得尊重別人，每個人都有不同的背景，但在神面前，在愛裡，我們是沒有區分的。

謝謝我們這一群一起長大的玩伴，因為有這段過程，我才不會是我討厭的那種人。

水餃

圓滾滾的水餃，是阿嬤會讓放手讓我跟童年玩伴們，一起DIY的吃食。

材料

豬絞肉1斤
蔥（或是韭菜也可以）5根
紅蘿蔔半根
胡椒粉1茶匙
醬油2大匙
香油1大匙
鮮味粉1茶匙
水餃皮1包

作法

將蔥切成末之後加入豬絞肉中，再加入紅蘿蔔丁、胡椒粉、醬油及香油攪拌均勻，水餃餡就完成了。（水餃大小依個人喜好決定）

那場車禍

阿嬤來了，今天她沒有帶著爽朗的招呼聲，只是微笑靜靜地走到我的床沿，摸摸我的手、我的頭……，靜靜地心疼著我。

每個人都有害怕的事，有人怕鬼，有人怕蛇，我怕過馬路。

小時候的一場車禍，讓我對過馬路有一生的恐懼，直至現在每回過馬路，都有從心臟麻到手指的緊張，走不到對岸的焦慮，也許只是短短三十秒的時間，但都是必須挑戰的心理障礙。

那場車禍，記憶猶新，說起來連溫度我都感覺的到，是台北盛產有點悶的冬天。

讀大安國小一年級的我，被太后牽著準備坐公車回家，其實我一直都挺享受著這個路途，太后很美，每次中午來接我下課時，都剛好是她從髮廊出來，吹個蓬鬆的波浪法拉頭，經過的地方都留下了香水味，路上行人無不回頭對美女行注目禮，視線也會往下看看我這小蘿蔔頭，雖然我穿得很不美，太后都用一種「妳媽覺得妳冷」的狀態在打扮我，每天都有驚人的數件衣服在我身上，從背心到短袖還有長袖的衛生衣，再加上長袖鋪棉上衣兩件，最後再穿上棉被一樣厚的外套，就完成了我人形肉球的造型，外加一個斜背塑膠水壺，跟橘的可以的國小制服帽，我看起來很「安全」。

敦化南路、基隆路口當年能穿越的地下道還在蓋，很多跟我們一樣要跨越過去敦化那頭的路人都在等紅綠燈，然後要在秒速很短、車速超快、車流超多的狀況下，穿越六線道的路口，在當年我眼裡看來，彼岸像籃球場兩頭的距離一樣遠，每次綠燈一起步，我都是被太后半拉半舉的才可以加快腳步在紅燈來臨前走完，今天也是一樣，還差兩線道的距離就要紅燈了，我決定放開太后的手趕快跑起來，跑過這台大公車的車頭前，我就到安全的島上了，就在我快到的時候，從公車旁衝出來一台要紅燈右轉的摩托車，速度好快。

我被撞上了，好像被一個巨大的怪物撞飛在空中，挨了一劑怪物出的上勾拳，感覺好久好久才掉落到地面，臉朝下靜靜地趴著，我沒有動，我好像沒有想要動。

太后衝過來把我翻面，我睜開眼睛，看見她嚇的臉色漲紅，用她的右手使力的頂住我下巴，手指幾乎快把我嘴遮起來了，

嘴巴不斷的安慰我說：「沒事喔，媽媽現在帶妳去醫院，妳不要哭喔，沒事媽媽在，不要怕喔！」

又再回頭叫那個撞上我的快遞男生去叫救護車，「你！快點！快去叫救護車！」

旁邊的路人也幫忙維持秩序，因為我跟太后就這麼在馬路上，可是已經綠燈了，所有的車都開始動，車速一樣都好快，我躺的柏油路都在震動，身體冷冷的，好像是水壺破了，可是怎麼聞起來有血的味道？

這時好像才回過神來問太后：「媽，我是不是流血了？」

太后：「對，但沒關係，妳不要動，媽媽壓住妳的傷口了。」她講話好抖，我感覺她很緊張，我想抬頭看看我到底留了多少血，但她用更多一點的力氣把我抱住說：「妳不要看，沒事，媽媽壓住了。」我想讓她不要緊張，也不知道該怎麼辦，開口說：「媽，我沒有想哭。」太后說：「妳好棒！好棒，再等一下下，我們就到醫院了。」才一講完，我就看到她的臉色劇變，我突然流了好多血，衣服感覺更濕了，她扯破喉嚨死命的大叫：「計程車！計程車！」路人也幫忙攔車，但就算有空車經過，卻一台都沒有停下來，甚至還有停下一看我躺在那就開走的，救護車依舊還沒來。

一台黑色的車，在經過我們後放慢速度倒車回來，搖下車窗問：「需要幫忙嗎？」

太后：「拜託拜託，可不可以送我們去醫院？」我聽得出來她快崩潰了。有兩個男生在車上，副駕駛座的人下來幫我們開後座車門，我依舊被抱著，只是移上車時，我下巴的白骨已經暴露在太后的眼裡，她眼淚一滴一滴地落在我已經濕透的外套上，右手還是不放棄的對我的下巴加壓，我對她說我有點痛，其實好痛好痛，痛到我不得不開始轉移自己的注意力，看看這車上的人，一個很壯一個很瘦，車上的東西，車尾頂斜斜的，放了好多雜物，一些板子，一些鐵架，還有黑黑的箱子，看著看著終於到了急診室門口……。

我得救了，在急診室總共縫了二十一針，陪著太后的，是撞傷我的快遞小弟，而兩位善良的人，離開時跟太后說，他們要去拍戲了。冥冥之中，一個要瀕臨死亡的人，居然被拍戲的救回來了。

醒來已經是兩天後的事，我的脖子跟頭都被固定了，左手及右手臂都有不同的點滴插著，太后告訴我，我的下巴會有一條深深的疤，下嘴唇也是，我開始好用力的哭，好用力的想哭到再醒來一次，會不會發現這些都沒有發生，我不會這麼痛，不用打針，不用住醫院，不會變醜。

只可惜，哭哭醒醒了好幾次，每一次醒來我還是一樣在病房裡，我還是受傷了，能吃東西的時候我也不想吃，醫院的飯菜總是只會讓人更沒有胃口，阿嬤來了，今天她沒有帶著爽朗的招呼聲，只是微笑靜靜地走到我的床沿，摸摸我的手、我的頭，一收到阿嬤的心疼，我的眼淚如豪大雨，啪拉啪拉的把滿腹委屈都哭出來，我一面哭，阿嬤一面拿出了那個熟悉的雙層鐵便當盒，我哭得更大聲了，抗議的大哭大吼：「我不要吃！我什麼都不要！」

阿嬤往我床沿一坐，勸誘的說：「哩先呷一嘴再說，不然阿嬤要回家囉！」我還是在哭，但只好把嘴張開了，阿嬤俐落的把手一伸，湯匙就在我嘴裡，是阿嬤的滷肉飯，還是熱熱的飯跟從小吃到大的滷肉味道，不鹹不膩，沒有油油的味道，有一點甜，有一點洋蔥香。

阿嬤又再餵我一口，我吃了，怎樣都比醫院的飯菜好吃，我還是拗拗的一句話也不說，跟全世界賭氣，阿嬤說：「言啊，妳沒有不一樣，妳還是大家眼裡那個漂亮的小公主，大家看妳也都一樣，沒有人會在意妳臉上有沒有疤，妳下巴有沒有歪。」

「可是我變好醜，大家會怎麼看我？」抽搐地看著阿嬤。

阿嬤說：「妳變醜妳就會對別人不一樣嗎？」

我搖頭：「不會。」

阿嬤又說：「那妳都用心對每個人一樣，妳怎麼覺得別人會不喜歡妳嗎？阿媽揪不甘誒，妳受了這麼大的車禍，愛妳的人都在妳旁邊，不免驚！不免驚！」

我還是嚎啕大哭，任由自己被太后跟阿嬤給緊緊抱住，阿公走過來，把充滿力量的手放在我頭上為我禱告，禱告多久我就哭多久，但哭得不反抗、不賭氣了。

因為我知道，今天不管發生什麼事，我都沒事了。

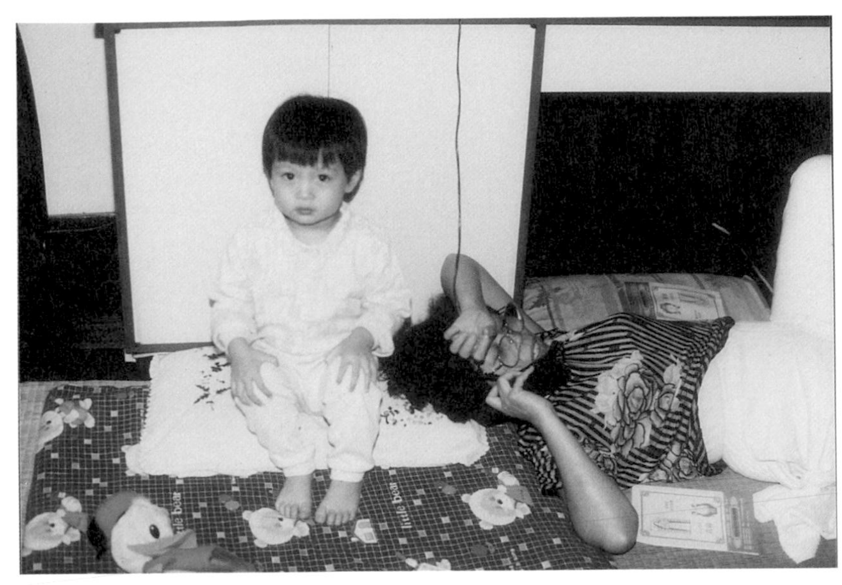

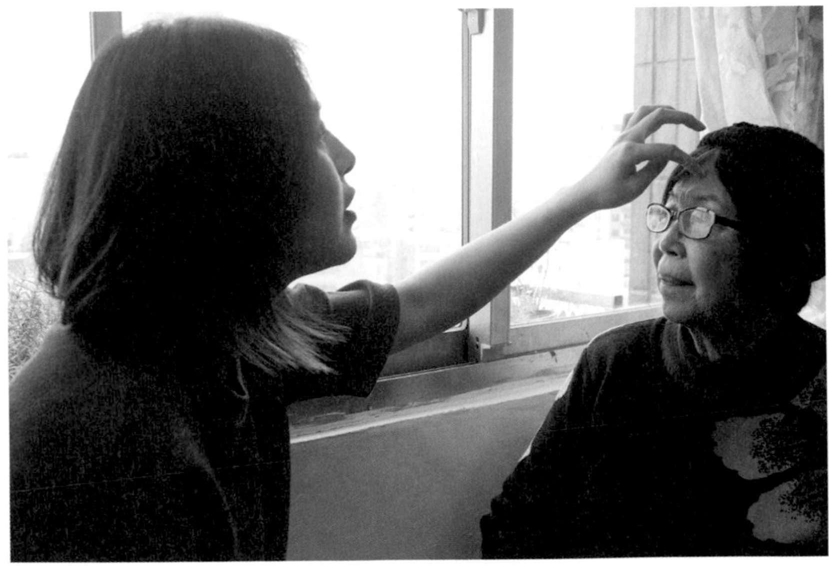

滷肉

從小吃到大的滷肉味道，不鹹不膩，沒有油油的味道，有一點甜，有一點洋蔥香。

材料

豬絞肉1台斤
洋蔥1顆
醬油1米杯
紅糖1大匙
水1/2米杯

作法

1 將洋蔥切丁備用。

2 起一個油鍋，把豬絞肉下鍋拌炒片刻後，加入醬油繼續炒。

3 等待豬絞肉快熟時，將洋蔥丁也下鍋一起拌炒，然後轉成小火，加入水和紅糖滾煮約二十分鐘即可。

4 滷肉可以拌飯拌麵，都很好吃方便。

Chapter 3

演藝與社會

總有些事，
能夠讓你接受所有困難與苦痛
總有些執著，能夠讓你概括全收
總有個牽掛，能讓你勇敢
總有不同的愛，給你貼著心的暖
做你最溫柔的靠山，
成你最真切的港灣

妳什麼都要會

阿嬤從來不會要我幫忙，我心裏擔心她是不是今天哪裡不舒服，急得不知道該怎麼辦，也不知道現在能做什麼。

出道以後，有某個時期，時間不是自己的。

唱片宣傳期每天都要去好多個通告，拍戲的時候從一早去完學校再直接衝到劇組拍戲，還有固定的主持節目，沒記錯的話，還出了幾本書。

出道以後，有好多個時期，時間不是自己的。

這種像戰馬般眼睛矇著不畏生死的衝刺，我不知道我的生活中會不會忽略了什麼，是正常的學生生活？幾段會不會發生的青澀曖昧？跟家人的相處？跟自己的相處？我也許是擔心多了，也許我也有遺失的。

那時候的我有段時間，已經忙到懵懵懂懂的腦袋只裝得下工作，除了工作以外的任何事，我已經無暇去注意了，愛面子的獅子不敢在外人面前丟臉，工作一定要表現好，其他的就先擺一邊吧。

今天發生了一件事，拍戲的場景臨時不借給劇組了，是一個教會的場景，這麼晚了到底是要去哪裡借呢？

這時我自信滿滿地舉起手，對著導演與統籌說：「這我完全可以幫忙，我是在教會長大的。」有點驕傲的語氣。

導演看了我：「真的不麻煩嗎？整個劇組很多人喔，拍戲會弄的亂七八糟的喔！」

「沒問題！」不假思索的笑著。

阿嬤當然也沒讓我丟臉，電話裡豪爽的回答：「厚阿厚啊，緊來～」

大隊浩浩蕩蕩的來到我從小撒野的小巷裡，眼前一片漆黑的視線裡遠遠就看見教會燈火通明，火紅的十字架像導遊的旗子高高亮著。

阿公阿嬤一家人都在，親切地招呼大家往哪個方向，讓每個人都速速的找到地方執行自己的工作，燈光師開始架燈，導演與攝影師討論鏡頭畫面位置，化妝師擺好她的攤位等每個演員來補妝。

我最忙，我俐落的溜上廚房吃了一整碗蒸蛋。

每天超時的拍戲人生，讓每個人的動作都很迅速，順利的在教會完成了這場戲，二哥還獻出人生第一次上了鏡頭，在旁邊的我們都笑歪了，不過歡呼聲最大的不是二哥的處女秀，是阿嬤如超人一般地端出一桌宵夜（她到底有幾隻手），我們在樓下忙著的同時，阿嬤也沒閒著，生出三十幾個人份量的宵夜，我滿心佩服。

大夥都好開心，個個都像今天被擁抱了一般收工了。

一大早被阿嬤叫醒，說實話，心裡有點不想搭理，但阿嬤叫妳的語氣又讓妳不得不起床，她居然要我陪她去市場，我不懂怎麼挑在這時候，阿嬤明明知道我幾點才收工，都已經累到沒回家了，怎麼還不讓我多休息一下呢？

還是跟小時候一樣，阿嬤騎著淑女腳踏車載我，一攤一攤跟市場的每個人打招呼，每個好像都熟到不行，每攤都一個一個跟我講解，豬肉攤就指著每個不同的肉，告訴我那是哪個部位可以拿來做什麼菜，青菜攤就跟我講每個菜的名字，還好今天沒去海鮮攤，要是我還要聽完每隻魚是誰，我真的要開始不耐煩了。

回到家，阿嬤叫我幫忙，她從來不會要我幫忙，我立刻跟著她的屁股進廚房，心裏擔心她是不是今天哪裡不舒服，急得不知道該怎麼辦，也不知道現在能做什麼，只好跟著阿嬤嘴裡講的一步一步處理她今天要煮的材料，怎麼處理完材料她還要我站爐呢？她從來不會讓任何人做這件事。心裡好難受，我硬生生忍住眼淚，問阿嬤是不是生病了？有沒有哪裡不舒服？

阿嬤只回：「沒有啦～妳等誒抖災。」說我等等就知道了。

坐在餐桌，阿嬤從電鍋裡拿出了我剛親手做的煮雞腳出來放到我面前，回頭多拿了兩個剛炒的菜坐了下來，與我對坐。

她開口說：「言啊，妳長大了會有很多人跟妳一起工作，一起努力。阿如果自己有能力一點，也有很多人會幫妳工作，妳也有很多事可以請人幫忙做。但妳要記得，我們什麼事情都可以請別人幫忙，但妳自己也要什麼都要會，安餒哩有聽唔某？啊雞腳等等帶在路上吃，這個妳比較方便帶。」

我回答知道了，眼淚就掉下來了。

那時我哭以為阿嬤是怕自己老了不能幫我做飯了。

過些年後我才真正意識到，阿嬤對我說的話早就已經潛移默化地在我腦袋裡，影響多大。

永遠的背影

滷雞腳

我最愛阿嬤做的滷雞腳，Q彈又有嚼勁，是每次回家看阿嬤必打包帶走解饞的小鹹點。

材料

雞腳1台斤
醬油1米杯
水適量
香油1大匙
糖半大匙

作法

1 將雞腳用清水洗淨後，以開水汆燙後撈起。
2 將雞腳放進鍋中，水加到蓋過雞腳，加入醬油、香油及糖，用小火滾煮至雞腳軟化。

909-JBH

我家有一寶

阿嬤很常會讓我有一種「家有一老如有一寶」的體會，尤其到了開始出社會工作之後，我更是深深感受到有她真好。

阿嬤很常會讓我有「家有一老如有一寶」的體會，尤其到了開始出社會工作之後。

在阿嬤身上，除了心態以外，不知不覺會學到很多東西，很多是生活技能，在你不知不覺的狀況下，很多回憶，會變成你的本能。

有一次，主演了一部電視劇，角色在後來開了一家花店，她是一位因為對花的喜愛，對收到花的那一刻，會有滿滿的喜悅與感動，對設計花藝這類型的創作，會有無限創意的女生。
但是，我對花，一竅不通。

我根本不知道什麼花是什麼花，它們對我來說幾乎只有顏色的差別，幾支花代表啥意思，什麼花的花語又是什麼，到底誰會記得，更別說是設計出一束花了，平常收到花的時機，不是唱片記者會就是舞台劇公演，年紀輕不懂花的浪漫，也沒什麼追求者會送花，連花都收得不夠多了，哪談得上了解。

所以，我立刻向劇組提出學習花藝的請求，或去花店實習都好，但開拍在即，在劇組內各單位都還有好多還沒有處理的事，根本無法顧及到我的慌張，我只好自己想辦法了！

「媽！妳會不會插花？」電話中也不想浪費時間了，劈頭就問太后。
「拎阿嬤最會插花了啦，妳幹嘛不問她～」
太后也不浪費時間的回我，然後下一秒就打給阿嬤。

「阿嬤！妳會插花對嘛～？妳教我，我拍戲要用！」

我講的直接又認真，阿嬤居然回。

「插～花～哩美ㄏㄧㄠˋ？（妳不會的台語）哈哈哈哈哈～」

電話那頭出現她渾厚的笑聲，表示她的不可置信。

「挖那ㄟㄏㄧㄠˋ啦～（我怎麼會啦～台語），我什麼時候學過了，阿嬤妳不要再笑了妳教我啦！」

阿嬤稍微冷靜後，老神在在地回應我：

「阿哩從小就在看阿嬤插花了，基本妳有了啦，免擔心！」

「阿嬤我是拍戲要用誒～要很厲害的那種，不是隨便插一插的啦！」

繼我搬出語帶威脅的語氣之後，阿嬤終於切換成教學版開始口頭教我一些基本常識，花束、花架、花盆，不同的花器呈現出來的樣子是什麼，要怎麼固定花，怎麼設計花的位置，然後叫我去認識的花店待一天打工（哪有人打工待一天的），阿嬤說我這樣就可以了，講得信誓旦旦的。

在朋友花店實習了一天之後，過沒幾天劇組就要拍花店的戲，到了見真章的時刻，拍戲的時候最怕因為自己的問題耽誤到別人，遇到很不熟悉的事，也是會緊張。

還好，很順利地在鏡頭下完成了打鴨子上架的花藝設計，在插花過程中，在有鏡頭對著的壓力下，數五四三二一之後，很多事情都來自於本能，而這次在花藝上的直覺反應，在那塊綠綠的海綿上，花應該下在什麼位置，我憑的都是記憶，記憶中曾經看過阿嬤這樣做過好幾次，每個星期都要插一下午的花，我每個星期就看一次，雖然稱不上專業，但阿嬤教會我的，已經不怕沒飯吃了。

台灣的娛樂產業，一直處在比較速食的狀態，每個人應該都要有更多才藝、更大的膽量，最好天不怕地不怕，十八般武藝樣樣精通，造就了每個表演者什麼都要「會一點、懂一點，最好可以拿來表演」，而節目則會常常出各式各樣的考題來挑戰藝人，譬如說，我曾經要上一個談話性質的節目，節目單位希望可以有個比較難做的料理來考考我。

這個題目是：我竟然要在現場節目二十分鐘內，完成現殺現炸的黃金糖醋魚……。

「阿嬤～～～～妳會糖醋魚吧？妳快點教我啦～～～」

黃金糖醋魚

酥脆的炸魚片，裹上甜甜鹹鹹的醬汁，搭配健康滿點的紅黃椒，吃起來口感豐富，多樣顏色也滿足視覺享受。

材料

鮪魚1片
糖1茶匙
胡椒粉1茶匙
醬油2大匙
炸粉5大匙
紅椒半顆
黃椒半顆
番茄醬3/2米杯
糖2茶匙

作法

1 先醃魚，可將鮪魚片切塊後，倒入糖、胡椒粉及醬油，醃三十分鐘左右。

2 起一個油鍋開始炸魚，先將魚塊加入炸粉攪拌均勻之後，下鍋油炸至表面金黃色，起鍋瀝油後備用。

3 再起一個熱鍋，將番茄醬加糖炒出香味之後，倒入紅椒及黃椒塊，拌炒片刻，再加入魚塊炒至魚塊上色後即可起鍋。

阿嬷的錄影初體驗

阿基師開口了，他說：「我做菜到現在，從來沒有看過這道菜，也從來沒看過茄子跟番茄竟然可以這樣組合。」

我有個不是太會做菜的媽媽，這絕對不是在抱怨（誰敢），做菜程序太匆忙太急迫的都無法出現在她身上，她是個優雅又有點偶像包袱的女性。

有次母親節前夕，收到型男大主廚的邀約，心想著這是個不錯的過節方式，卻把太后嚇得花容失色，她嚷嚷著一定會在鏡頭前出糗，手忙腳亂的完全沒有優雅從容不迫的形象。所以，只好搬出我身邊最會做菜的人，那個我相信現在就算外面在打仗，她還是可以煮她的飯的阿嬷。

跟阿嬤告知這消息時，電話裡的她一直在大笑，當然也沒讓我失望的爽朗依舊回答「厚阿厚阿」，再來就進入到她的工作模式，問我覺得當天要煮什麼拿手菜？地方好不好煮飯？要不要自己帶鍋子？調味料什麼都有嗎？碗筷要不要帶？

我花了很長一段對話時間才讓她放心，攝影棚絕對應有盡有，她才安心的轉移其他話題，我也大大的鬆一口氣，就像感覺阿嬤要去另外一個教會做菜給大家吃，我有什麼好擔心的。

錄影當天，阿嬤身穿一件花色的暗色洋裝，表示她的最高敬意。真的，阿嬤只要是出席她認為重要的場合，都會穿上花色連身洋裝，而且是越重要越花，仔細看看，她還把頭髮都重新染過了，後台髮型師把阿嬤的頭髮吹的澎澎鬆鬆的，像去參加喜宴一樣，塗了很古早色的紅色口紅，看起來很慎重，跟平常我眼裡的她很不一樣。

開錄前我們站在佈景的後面，我跟阿嬤說：「阿嬤我們要開始錄影囉！

阿妳不要緊張，城城哥他們人都很好，很健談。」

阿嬤回我：「厚阿厚阿，妳不要擔心，我不緊張啦！」

說完伸手拿下自己的眼鏡，用身上的衣服仔細的擦了擦，掛上臉後還照鏡子調整了一番，給自己一個打起精神的表情，加上招牌嘿嘿嘿的笑聲，像打氣一樣。我想，她也是想著不要讓孫女丟臉吧。

果不其然，我錄了一集史上最不用動手的型男大主廚，站在那裡的我除了跟主持人聊天以外，根本就是一個人形看板，毫無用武之地，我就是在看阿嬤表演。

還不只是我在看阿嬤表演，全場所有人包括節目每一位超級大廚，都在看阿嬤表演，這是一道我從來沒有在阿嬤家裡吃過的菜——塔香雙茄。

城城哥問我有沒有吃過，我老實回答了，還說其實阿嬤今天說要煮這道時我有點緊張，不知道好不好吃，因為連這道菜該是什麼味道，我一點概念都沒有，我還懷疑阿嬤了，語落回頭看她，她老神在在正丟下茄子去過油，手腳俐落地備料，一點都沒有被任何環境影響，沒事還可以跟我們搭上幾句對話，第一次上鏡頭有這樣的表現，真不是蓋的。

阿嬤在鍋中調味時，廚界的神——阿基師開口了，他說：「我做菜到現在，從來沒有看過這道菜，也從來沒看過茄子跟番茄這樣組合。」全場驚呼連連，所有人無不驚訝阿基師這樣說，廚神吃了一口，萬眾屏息以待，阿基師說出了：「讚」，大家都為阿嬤得到這句稱讚感到開心。我已經不知道我下巴抬多高了，只有滿滿的驕傲。

型男大主廚比賽贏來的鍋子，至今依舊高高掛在廚房的牆上，連外盒包裝都沒有拆，即使家中鍋子該換了，阿嬤都寧願再去買個新的也不願去拆開，是種獎盃的概念嗎？我覺得好可愛，餐桌上還有每次跟阿嬤去錄型男大主廚的照片，祖孫之間能有個一起比賽合作無間的回憶，真的好特別，能有個節目提供這樣的機會，把我們的畫面永遠留下……，實在感謝。

親愛的阿嬤，妳真的讓我好驕傲、好驕傲。

回家路上緊緊地抱住她跟她說，她開心的用「嘿嘿嘿回應」了。

塔香雙茄

這是一道我從來沒有在阿嬤家裡吃過的全新料理——塔香雙茄。

材料

茄子1條
牛番茄1顆
九層塔2兩
豆瓣醬2大匙
糖1大匙

作法

1 將茄子及牛番茄切成適合的塊狀之後，備用。
2 起一個油鍋，放入塊狀的茄子跟牛番茄，用熱油炸過後，放置旁邊瀝油。
3 再起一個鍋，將豆瓣醬炒香後，加入九層塔、茄子及番茄塊拌炒至其軟化，最後加入糖即可起鍋。

古早心，古早味

家裡做的料理，就是很合你的口味，即使有些小缺點，也是讓人喜歡的小缺點，讓人一口就能吃到的歸屬感，就是家的味道。

每到端午節前夕，阿嬤三天兩頭就要包好多肉粽，每次進去廚房都只會看到她忙碌的背影，左邊一大鍋正在炒香的蝦米，右邊還有用雙手臂圈起來這麼大圈的蒸籠，廚房左側掛著一串串的肉粽，跟一排排剛洗好的月桃葉。阿嬤的手也沒有停著，俐落地把月桃葉對折，形成一個有空間的三角錐體，開始放米跟餡料進去，每個人愛吃的餡料都不同，像我就不愛吃有蛋黃的，有人不愛吃有蝦米的，還有人喜歡花生特別多的，每個人都有不同的要求，但阿嬤全盤接收。

從小，我就不太愛吃外面賣的肉粽，倒也不是說不好吃，就是有些不對味、不習慣，或者是少一個味道，再加上常常吃到令人大失所望的肉粽，所以就漸漸變得不願意去嘗試，只願意吃阿嬤包的肉粽。好客、朋友又多的我，一路走來也是秉持著好吃逗相報的精神，讓身邊朋友一個個吃到隔年還要再吃，不但沒幫到阿嬤包幾個肉粽，倒是增加她更多麻煩，反而阿嬤煮得很開心，越多人愛吃她越開心。

說實在，這肉粽真的沒什麼稀奇，甚至可以說普通到不行，尤其我們家裡習慣吃清淡，不喜重油重鹹，盡量以食物本身最真實的味道呈現，特別在肉粽當中，阿嬤非常在意糯米的選擇，以及糯米浸泡的過程，一定要把香菇放進去，讓肉粽除了有最重要的米香之外，還聞得到香菇鮮香提味，配上炒香後的蝦米，以及帶著海味的干貝，中間放了塊帶點油卻不肥的豬肉，咬下去不會有膩的驚恐，肉粽上還分布了很看心情放的花生米，花生綿密的口感跟糯米一起入口，越嚼越香。

阿嬤的肉粽，到底有什麼特別？
很老土的一句，有家的味道。

家裡做的料理，就是很合你的口味，哪怕有些缺點，也是你喜歡的缺點。
外面賣的東西有些太精緻，有些太搶嘴，哪怕是小吃，都不能夠天天吃，可是也許有些快炒店，或簡單的麵攤，它的味道就跟你記憶中的一樣，這麼合你的胃口，也許只是一盤番茄炒蛋，也許只是一碗雞蛋麵，一口就能吃到的歸屬感，就是家的味道。
電影總舖師裡說的：有那個古早心，才有那個古早味。
阿媽就是那個古早心，古早味。是溫阿嬤，也是拎阿嬤。

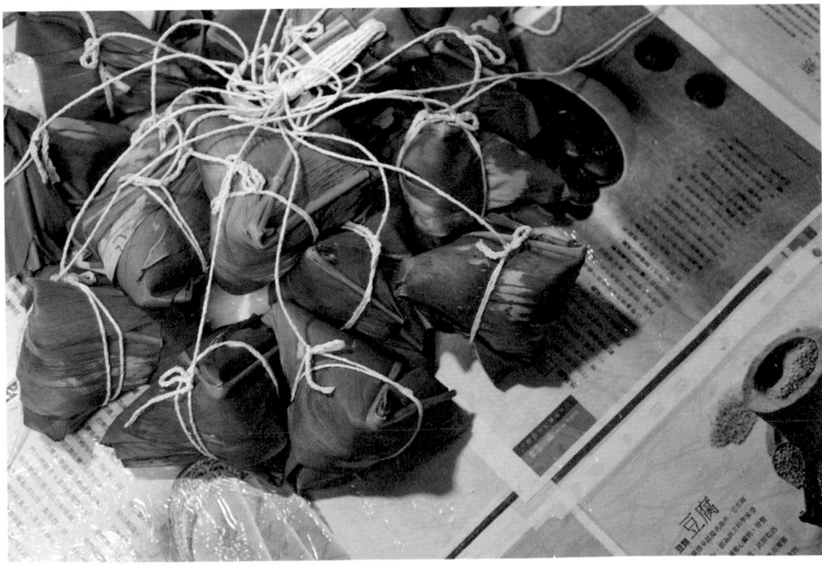
豆腐

肉粽

家裡的肉粽，料多實在，品嚐起來卻清爽不膩、越嚼越香，就像家人之間的感情與聯繫，緊密而永恆。

材料

粽葉40片
棉線1把
尖糯米3斤
花生米半斤
鹹蛋黃20顆
豬肉（可以選用三層肉，較有油脂）1台斤
醬油1米杯
油蔥酥20大匙
香菇20朵
蝦米4兩

作法

1 首先將粽葉及糯米洗淨，粽葉放置旁邊備用。

2 取一鍋冷水，將洗淨的糯米倒入，浸泡一小時，此步驟是為了讓米較快熟成。等待米泡軟的同時，可起一個熱水鍋，將花生米煮熟後備用。

3 將豬肉切成入口方便的塊狀，以醬油爆炒至半熟後備用；蝦米也拌炒至香味出現，起鍋放置旁邊準備。

4 香菇切絲後，放入油鍋中，爆炒至香味出來，起鍋放置旁邊準備。

5 將泡好的糯米跟花生米一起攪拌後，將粽葉折凹，呈現三角錐形狀，加入1/4的米，再加入豬肉、鹹蛋黃、香菇、蝦米及油蔥酥即可包起，並用棉線綁緊。

6 當二十顆肉粽完成後，一起下鍋至滾水煮二十分鐘即可完成。

ひょう

ひょう
がら

我沒有離家出走過

阿嬤打開冰箱抓了兩條蔥、薑，晚餐剩的一點甜椒牛柳，加了醬油重新調味，開了大火迅速的聞到爆香的味道，那熟悉的炒菜節拍……。

誰沒有離家出走過？

我沒有，我太需要家了，沒有安全感的心臟總是只能從一個家逃到另一個家。

那天大雨滂沱，太后與我在半夜收工開車回家的路上，接到經紀人通知明早六點的通告，要到關西山上，已經不知道第幾天沒睡，說實在我也沒力氣認真記了。

這個未成年的小心臟只想把別人交待給自己的任務完成，我只想著完成，卻忘記還有個因為我的未成年必須陪著我南征北討上山下海，為我打理生活跟開車的那位，現在就坐在我左手邊開車的太后。

她好生氣，我不懂她生氣是為什麼，對我來說這不過就是一天過著一天的劇組生活，沒有任何不對勁，不理解，或不公平。我只想太后安靜的開車，讓我能在到家的路途上多爭取一些睡眠，畢竟我與我的床相處的時間就跟時差戀人一樣的少，就只有那幾個小時可以黏在一起。

太后打了我一巴掌。

熱辣辣的在我的左臉，我只感覺到這個知覺，這世界上不管是她嘴裡說的，外面的雨聲，車子行進中的風切聲……，全部都真空般抽離了。

我眼淚開始一顆顆的掉，隨著自己委屈到不行的哭聲，我越哭越大聲，好像把所有的累，少之又少的睡眠，工作上只想做好的心，那一切一切在心裡卻逞強不說的，全都哭出來了。

太后不停喝令我打給經紀人，自己勇敢的去爭取妳的休息時間，我只停留在我的不理解上，我不懂我在這麼累的時候為什麼不能好好休息還要受到這樣的謾罵與痛楚呢？到底誰在意過我的感覺了？

下一秒我已經在計程車上了，眼淚還掛在臉上，袖口都是偷擦的鼻涕，依稀記得上車時好像報了阿嬤家的地址，這麼晚我也沒地方可以去，還是打了電話，心裡還是有點希望阿嬤沒接，都這麼晚了不想吵她。

「喂～」阿嬤接了，帶著平常親切的口音。

「阿嬤……」弱弱的叫了一聲。

「言ㄋㄨㄥ？！阿哩底㙮？（台語）」還是一樣精神的問我在哪。

「我在計程車上，不知道要去哪！」然後我就開始大哭了。

「哩來阿！阿嬤煮東西厚哩呷！」阿嬤說完我也就順勢答應了。

司機一靠邊停，就看到阿嬤一副俐落又輕鬆狀的走到司機旁邊問：「多少錢？」付了車資，笑笑的對我招著手說：「來！快下車！」我就這樣被阿嬤牽著走上樓回家。

坐在這個我看了十幾年的飯廳，覺得很安定，開放式的古早廚房看得見阿嬤做菜的背影，小時候也是邊吃著手指頭坐在一樣的位子上等待。

阿嬤打開冰箱抓了兩條蔥、薑，晚餐剩的一點甜椒牛柳，加了醬油重新調味，開了大火迅速的聞到爆香的味道，那熟悉的炒菜節拍……。

突然間，我不想哭了。

靜靜的等著阿嬤，聽著她有意無意的哼著聖歌，上桌後帶著我禱告，一樣不管什麼時候了還是在催促我快點吃。

那是沙茶牛肉，入口的感覺，像是被讚賞的奮鬥。搶眼的爆香蔥醬味，沙茶的爭寵，牛肉熱騰騰的醬香，家裡永遠隨時都有的熱白米飯，就像有雙大手呼呼了你的頭，那種心裡的安慰。

我跟阿嬤說完發生了什麼事之後，打給了太后，她說她已經打給了經紀人希望明天通告延後一些，幸運的多爭取了三小時，明早上再來接我，掛了電話，其實心馬上就暖了。

阿嬤鋪了床，順手拿了我小時候指定的那張棉被給我，應該也是哭累了，很快就沈睡，很快的……，委屈也痊癒了。

我沒有離家出走過，因為這裡也是我的家。

沙茶牛肉

香氣四溢的爆香蔥醬味，沙茶的爭寵，牛肉熱騰騰的醬香，是一種心裡的安慰。

材料

牛肉絲4兩
醬油1大匙
沙茶1大匙
糖1大匙
太白粉1大匙
西洋芹1/4支
油少許

作法

1 先醃製牛肉絲，將市場買回來的牛肉絲，加入醬油、沙茶、糖及太白粉醃製，備用。

2 西洋芹切成小段，起一個鍋煮水，加一點鹽，用鹽水將西洋芹汆燙一下。

3 起一個油鍋，將醃好的牛肉絲下鍋爆炒至香味出來，再加入汆燙好的西洋芹，炒至食材熟後即可。

から

及時雨

吃了一碗阿嬤帶來的及時雨——熱騰騰驅寒的麻油雞，所有人都回到正常規律，動起來了。這個氛圍，凝結了群體的力量。

我很慶幸，因為拍戲讓我遊歷了好多地方，真的很珍惜。

當然，有的時候為了呈現在鏡頭前那些如詩如畫的風景，那些家門又是山或是海又或是田、有如童話故事主角住的幻境小屋，相信我，在戲裡如此自然優雅令人嚮往，在拍戲的過程，通常都相當折磨。例如：在熱情的盛夏待在毫無空調風扇的頂樓加蓋，演著兩小無猜的談戀愛情節，或是在北部濕冷出名的深山上，拍著淋雨悲情男女主角的分離戲碼。

一個像在烤箱裡面試，全神貫注還必須說話合理，一個像在三溫暖誤入冷池，明明已經冰寒刺骨，臉上卻還要裝沒事。

那是一個每天都在趕拍的劇組，從夏天拍到了冬天，那年冬天寒流不客氣的來了幾次，水庫都挺滿的，沒事就在下雨。

而我們這劇組，好巧不巧的就在寒流無情來襲的那三天，偏偏就在北部深山裡一間已經很久沒有人住的小屋拍戲，班表一排出來，時間緊、任務急，每個體力超支的工作人員無不硬著頭皮死撐著，到了晚上，掛病號的好多個，鏡頭裡演員們個個盡顯疲態，山上濕冷的環境讓透支體力的身體失溫，戲服輕薄的演員說台詞的時候抖個不停的聲線，已經無法隱藏，想必今天也是會有場夜仗要打，導演焦慮地看著身心俱疲的大家，但在背負著強大的時間壓力下，不得不繼續督促著所有人完成分內工作，我坐在導演後頭，聽到好幾聲無奈的嘆息，實在很想幫上忙，也想慰勞一起努力的所有人，我想了一下，打電話給阿嬤。

阿公阿嬤這對老夫妻神采奕奕、精神抖擻的，跟全體三十幾個工作人員疲憊不堪的臉成了顯著的對比，整尊阿嬤就好像超強的薰香蠟燭一樣，移動到哪都散發著熱騰騰的麻油雞味道，聞著都醉了，導演一聲令下：「放宵夜」，每個人都衝去阿嬤那一鍋迷倒眾生的麻油雞湯旁邊，快速發揮群體分工合作的最高效益，每個人都吃上了，也許是累了，或是餓的只想吃東西來不及說話，只有此起彼落不斷細細發出喝湯的聲音，幾乎零語言，這是我遇過最安靜的一次放宵夜。

安靜的十幾分鐘過去，每個捧著空碗的人都各自找了機會走過來跟阿嬤表達：「阿嬤，謝謝！」

阿嬤都是笑笑的說：「嘿嘿～不用客氣啦，要多吃一點啊！」

收到阿嬤的回應，或是這個老人真摯的笑容，以及這及時雨——一碗熱騰騰驅寒的麻油雞，現在大家眼睛裡都有一株小火苗燃著，導演肯定的喊了聲：「開工！」所有人都回到正常規律，動起來了。

這個氛圍，凝結了群體的力量，這力量能讓人繼續完成執念。

這個充滿力量的老太婆，好在她愛晚睡，不然大家都吃不到她的麻油雞了。謝謝我最愛的老太婆，她的暖就是純米酒的麻油雞，溫補卻又有力的，暖胃，暖身，暖心。

麻油雞

謝謝我最愛的老太婆，她的暖就是純米酒的麻油雞，溫補卻又有力的，暖胃，暖身，暖心。

材料

全雞1隻
薑半台斤
麻油1米杯
米酒1瓶

作法

1. 將雞肉用清水洗淨後以開水汆燙後備用。
2. 起一個油鍋，將薑切片下鍋，煸至水分出來，加入麻油炒到逼出香氣出來。
3. 薑片香氣出現後，再倒入雞肉拌炒，炒至雞肉水分出現，將米酒倒進去煮滾後，再加入水蓋過雞肉，用小火煮四十分鐘即可。

Chapter 4

異鄉與人

什麼時候最想家？
人不在家的時候，真的很想家
聽不到熟悉的語言，觸不到習慣的溫度
努力的在失序腳步中鎮定
好像這就是種成熟般
不斷融入，也不斷在改變
卻也新鮮，讓想念有了機會
什麼時候最想家？
有家的味道時，最想家

凝聚

每個人都是那麼誠摯地為我請託神的眷顧，這份滿滿的愛，給了我一劑強心針，往我人生的另一個階段邁進，勇敢，抬頭挺胸的。

在十五歲的這一年，我接到了一個天大的任務，去遙遠的橫店拍戲。

身邊所有人無不緊張，覺得我這年紀就離家，到這麼遠的地方工作，而且還要待上一段時間，實在太不容易了，所以太后就決定跟著我去，這下好，我什麼都不用擔心了。

「挑戰自己」這件事，好像就在我的基因裡一樣，對於要到異地工作，我完全沒感覺到緊張，只有打了雞血的高興，迫不及待地要接下挑戰，無論是工作本身的，或是在異地生活。

隨著離出發時間越來越接近，每天不一樣的親朋好友邀約吃飯相聚，各種不同的叮嚀，各種根本不可考的聽說，都跑出來嚇人，越聽就越做了更多準備，本來沒什麼大不了的事情，被這種氛圍搞得心裡都慌慌的。行程已經排到了出發前幾天，通常都是留給家人時間相處，阿公說出遠門前，找個星期天來做禮拜吧！特意留到出門前最接近的星期天。

禮拜進行得很順利，我跟二哥一貫地坐在禮拜堂最後方看著大家，注意著大家有什麼需要，到了接近尾聲，要請執事報告之前，阿公突然打斷了大家，拿起了麥克風說：

「各位親愛的兄弟姐妹，在執事報告之前，我想要佔用大家一點點時間，各位都知道我與牧師娘有帶一個小女孩，從小帶到大，她叫品言，我想大家都很熟悉厚，嘿嘿～。

今天這個妳們在座很多長輩從小看到大的女生，下個星期就要去橫店拍戲，一待就是三、四個月，這是她第一次要離家這麼遠出去打拚，我想請大家為她代禱。」

語畢，阿公朝我這方向揮手要我過去前方，站在教會最尾端的我被阿公那段話愣住還沒反應過來，二哥過來拍我：「欸！不要發呆，阿公叫妳過去前面。」

我才意識到我已經往阿公的方向走了，這一路上大家都看著我，有些熟悉的面孔看著我笑了笑，有些則是目送我。到阿公面前，他拍了拍我的頭，扶我轉身正面朝向大家，有點力道地按著我的左肩，帶著渾厚沉穩的聲音邀請大家一同代禱，並開始為我禱告，沒有間斷的禱詞，祈禱我出入平安，祈禱我都遇到善良的人，其他人也在心裡、嘴裡唸著為我代禱的禱詞，誠摯地請託神的眷顧。

現場所有人都在為我禱告，禱詞在四面八方環繞，

每一個人，老的小的認識不認識的，都在為著一個信念禱告

而那個信念是我的平安。

眼淚倏然而下，感動不已，我得到了大家給我的力量，一隻手捂著自己的嘴怕哭出聲來，另一隻手緊緊握住阿公牽著我的手，他牽絆這個孫女的一切，擔憂都寫在他臉上。

長達三分多鐘的代禱，每個人一一結束，阿公看著我問我有什麼話要說，也看到我已經哭的連臉部表情都無法控制，更別說是說話了，於是接受了我深深的跟大家鞠躬，這份代禱，這份滿滿的愛，給了我一劑強心針，往我人生的另一個階段邁進，勇敢、抬頭挺胸的。

今天阿嬤煮了肉羹，煮給自己人吃的，總是吃飽料實在。今天我一個一個親手端給每一位在場的教友們，謝謝他們每一位一點點的無私關懷，造就了一股溫暖力量。

我永遠記得我那天吃那碗肉羹的味道，那份實在，那份人情味。

肉羹

自家做的肉羹新鮮又實在，搭配著甘甜的湯品，嚐得出溫暖滿載的人情味。

材料

豬後腿肉2斤
魚漿1斤
筍子1斤
香菇5朵
白蘿蔔絲少許
紅蘿蔔絲少許
水6米杯
烏醋3/2米杯

作法

1 先將豬後腿肉和魚漿和在一起攪拌均勻。

2 起一個熱鍋，將水燒開後，分次丟入肉漿（大小可依個人喜好決定），肉漿浮起來熟透之後肉羹就完成了，撈起放至旁邊備用。

3 將筍子、紅蘿蔔、白蘿蔔及香菇切絲後，先將筍絲及香菇絲丟入剛剛用來煮肉漿的肉湯，並依序加入烏醋、紅蘿蔔絲、白蘿蔔絲及肉羹，用小火滾煮十五分鐘。

4 肉羹湯起鍋前加入太白粉水勾芡，撒上胡椒粉即可完成。

拿手菜

靠著看過卻沒做過的廚藝，除了照顧自己，還照顧到了別人，更用食物，跨越了國界交朋友。原來料理，是一種共通語言。

在外求學，怎樣交朋友？吃飯，對，就是聚在一起聊天吃飯。

剛到巴黎讀書的時候，遇上了一群熱心照顧人的朋友，尤其以一個學姊照顧我最多，第一個在她家跟好多人一起開伙的菜，就是牛肉咖哩。

那天，一堆台灣人擠到學姊家裡來聊天，各自拿了碗筷走去小小的開放式廚房盛點咖哩，嘴上邊聊著天，腳步自行走到飯廳，大家或坐或站隨性搭上不同話題，也不會冷落我這個新來的朋友，時不時也有讓我搭上話題的時候，現在這樣形容完才發現，這不就如同小時候教會裡的生活嗎？難怪我好喜歡，也充滿感激，我都遇到好有愛的人。

一群人一起吃飯就是感覺特別好吃。人與人之間，在還沒有熟悉之前，先為自己選擇用一種開放的心與大家相處，互相幫忙，從第一刻開始，學著信任，但這社會的磨練，都會讓人很理所當然地忘記，或是有意識地決定用設限的心，去認識新朋友。在我的生命歷程中，有好多時候，都會跳出阿嬤的影子，好像這個人影出現在我面前排演了一次，如果是她，她會怎麼做，怎麼跟大家相處，而真正在現場的我，就會下意識追隨她的方法，卸下心防，融入當下既陌生又親暱的場合，而大部分，我都收到同樣的熱誠，來自同樣卸下心防跟我、跟大家融入的人。

無形中，從我兒時記憶裡，那個和善的身影，帶領我用最直接的方法，加入人群，國民教育課本裡有教，只是不懂要怎麼用在自己身上，阿嬤也有教，她直接做給我看，教做菜，教做人。

咖哩是我認為對新手來說最容易上手的料理，煮給別人吃也不會因為經驗不足而失敗，在開始一個人獨自求學生活之後，咖哩這味道佔了我初期很多記憶，省錢又懶得做飯的留學生，一鍋咖哩可以吃好幾天，煮久了就煮出接近阿嬤的好手藝，煮熟悉了也敢煮給大家吃了，很幸運地租到有小廚房的公寓，我家就漸漸變成留學生的食堂，大家會一起分菜錢，擔任廚娘的我，就要來想有什麼可以讓大家吃好幾天的料理，每個星期都會約一天來我家吃飯以外再各自打包回去，廚娘休息、食客洗碗，這開端就是從一鍋牛肉咖哩開始，靠著看過卻沒做過的廚藝，除了照顧自己，還照顧到了別人，更用食物，跨越了國界交朋友。

新生聖詩
新生聖詩
新生聖詩
新生聖詩
新生聖詩
新生聖詩
新生聖詩

牛肉咖哩

咖哩是一道好吃又容易上手的料理，對於省錢又懶得做飯的留學生，一鍋咖哩可以吃好幾天。

材料

牛腩1斤
咖哩4塊
洋蔥半顆
馬鈴薯2顆
紅蘿蔔1根
糖1大匙
水6米杯

作法

1 先將牛腩切塊，用滾水汆燙後放置一旁備用。

2 馬鈴薯、紅蘿蔔切丁後，起一個鍋加水六米杯，將馬鈴薯、紅蘿蔔加入水中，用小火滾煮至半熟。

3 再將洋蔥和咖哩加入鍋中，煮至咖哩塊完全溶解後，加入汆燙後的牛腩和糖，熬煮二十分鐘即可。

歸屬感

老闆娘是性情中人，每趟在上海待，都會有一餐到此報到，就像在這座大城市裡，有個看顧你的人，會坐下來跟你一起吃飯。

在上海讀書的這段期間，雖然台北上海兩邊跑，還是留下了種種回憶。這個充滿世界各地聚集來此的大城市，歷史上不同的民族在此留下的足跡，都讓上海散發著跟其他地方完全不一樣的味道，不同地方的菜，還有一種結合亞洲與歐洲的生活步調。

我在這裡的生活作息挺規律的，有上課的工作天，早上早起走路去學校，大概十分鐘的路程，中午就愛跟同學一起叫外賣吃個酸辣粉，下課一起探訪上海到處走走，休息日又沒有回台北的時候，我最喜歡一個人花一下午的時間，跟這城市約會，也因此發現了不少好去處，成為我的口袋名單，或是私人小秘境。

有家餐廳給了我家的感覺，店內只有四張桌子，是一位很好的姊姊帶我去吃的，很地道的上海菜，除了位置難訂以外，老闆娘也是個性情中人，菜就那幾樣招牌，明明只有四張桌子但幾乎都不賣第二翻，除非是老客人，也是挺有個性的，她挑人交朋友，帶我去的姊姊跟老闆娘已經有好幾年的交情，一下子我就被收成妹妹對待，後來每趟在上海待，都會有一餐一定是過去跟老闆娘報到，叫上三五好友，吃上道地的上海菜，沒有華美的擺盤，就是一盤盤物美價廉的美食，跟老闆娘聊聊天，別看她好像就是開個餐館的阿姨，但她對時尚的了解，對手錶的認識，比我還多，完全走在時尚的尖端。

在上海的時間裡，交了很多朋友，加上在巴黎讀書之後才到上海，相對壓力減少許多，總是到了能通母語的城市，任何情況都好溝通，但因太后身體之故，必須台北上海往返，總是來去匆匆，對上海始終有點疏離，而這疏離感，卻被這家餐廳的老闆娘看穿。

那是即將入秋的天氣，上海涼得快，只要太陽一躲起來，風都會帶點寒意，傍晚喝的咖啡，到了晚餐肚子餓的時候顯得有點反胃，不太習慣一個人吃飯的我，還是選擇隻身到老闆娘的餐廳，第一輪的客人都快吃完了，剩小貓兩三隻在這不大的空間裡，我跟老闆娘說今天就我一個人吃飯，她說：「行！那妳跟我一起吃飯吧！」

她轉身推開廚房門，進去拿了兩雙碗筷跟一盤炒青菜，又回身進去跟廚師喊了幾句上海話，再匆匆地轉去對正要走進店裡的客人說：我們不營業了，這一來一往的移動，老闆娘的身影跟跳圓舞曲一樣。

坐下來後，除了都是一小碟一小碟店裡的招牌菜外，還有老闆娘自己愛吃的，醬鴨、油爆蝦、年糕螃蟹、醃篤鮮，各種好菜地道的如自己家裡煮的一樣，上海同學說的好，就算今天已是不知道第幾次吃了，風味依舊搶嘴，而那鍋看起來不怎麼起眼的油悶筍，從清香的上海風味裡，還吃到了歸屬感。

在這城市裡，有個看顧你的人，會坐下來跟你一起吃飯。

油悶筍

清香甘甜的油悶筍，風味迷人，搭配白飯一起吃，會讓人一口接一口停不下來。

材料

筍乾1斤
梅乾菜2葉
大骨1塊
鮮味粉1茶匙

作法

1 筍乾用泡冷水一小時後瀝乾，開水汆燙十分鐘，再用冷水洗一洗後，備用。

2 將梅乾菜切成段後備用。

3 將筍乾放進鍋中，倒入清水，直至蓋過筍乾，然後加入大骨，梅乾菜也丟進去，以小火滾煮一個小時後即可。

十二人份牛肉麵

一個人雞飛狗跳慌忙了一下午之後，我終於完成了台灣美食代表作——紅燒牛肉麵，看到每個朋友吃到嘴裡的表情，我懸在那裡的心終於可以放下了。

我的左手靠近手腕的地方，有塊燙傷的疤，那是我在北京自己煮紅燒牛肉麵燙的，喔～還上新聞了，因為陳亦飛被誤會是燙人兇手。

在北京認識了一群好朋友，最會做菜的香港導演吳導，總是號召大家去家裡吃飯，由導演下廚，每道菜都讓大家吃得你爭我奪，一上桌沒十分鐘就吃完了，結果我自告奮勇的說下次聚餐該我做菜了，平常就喜歡自己在家裡煮的我，還真覺得沒什麼難的，結果竟被點菜了……。

「我想吃牛肉麵！」

一個朋友舉手要求

「牛……牛肉麵？」

我想我的臉有點僵

「哎呦～你們都不知，言很愛做菜的，而且做菜都超好吃。」

這位朋友正在為我打包票中，殊不知……我……從來沒有做過牛肉麵，但我擁有強健的心臟，所以我回答：

「好啊！那有什麼問題～那有多少人會來？」

「這樣加一加，應該有個十二個人吧！」

導演幫我算完回答我，我也就硬著頭皮答應了這個兩星期後的聚餐，隔天早上立刻衝去市場買菜，心想著還要買幾個大鍋，多幾個像樣的碗盤，還有今天要自己嘗試做一次牛肉麵，看著我手上查到的食譜，怎麼有這麼多食材要買？牛肉麵的湯，原來有這麼多東西在裡面，還要熬大骨？那我不就要到晚上才吃得到了？

匆忙回家開始這道手續有點多的牛肉麵，照著食譜做菜我沒什麼問題，到了晚上終於吃到一碗自己做的牛肉麵，心滿意足並且相當有成就感，也就很徹底的不擔心兩星期後的聚餐會出糗了。

如期，兩個星期後的早上，我來到了市場準備採買十人份的食材，一攤一攤的，從蔬果攤、牛肉攤再到麵攤，買齊後認真看著這些食材，超出我所預期的份量多很多，回到家之後，我根本不知道要從哪裡開始煮，除了昨晚有先熬起來的大骨湯之外，其他的我慌了，根本不知道該怎麼起步，食譜上面介紹的都是兩人份、四人份，可是十人份呢？要怎麼調味。或是怎麼拿捏水量跟煮的時間？

於是，我打給救星阿嬤了，在我的腦袋裡最會煮大鍋菜的人，加上我以前又吃過阿嬤的牛肉麵，阿嬤接起電話，一樣用哈哈哈這種口氣來消除我一人在廚房的慌張，用最簡單的步驟教我怎麼做出紅燒牛肉麵的湯頭，還有針對牛肉部位的不同，該怎麼拿捏肉入不入味，以及軟硬度，最大的重點，是一步一步教我怎麼抓出一人份跟十人份該怎麼調味跟水量的差別，我才知道差這麼多，如果照著我自己想的，那今天聚餐大家都不用吃了！

一個人雞飛狗跳慌忙了一下午之後，我終於完成了台灣美食代表作——紅燒牛肉麵，看到每個朋友吃到嘴裡的表情，我懸在那裡的心終於可以放下了，還好沒丟臉把自己的家鄉菜給做壞，朋友們一碗接一碗的吃，無不誇獎我的好手藝，讓我都忘記剛燙了一個好大的傷。

原來有人懂你，喜歡吃你做的菜，可以擁有這麼大的喜悅。

難怪阿嬤天天都笑呵呵！

紅燒牛肉麵

看到每個朋友吃到嘴裡的表情，我懸在那裡的心終於可以放下了，還好沒丟臉把自己的家鄉菜給做壞。

材料

牛腩1台斤
薑3片
蔥3根
油少許
米酒3/2米杯
醬油3/2米杯
水6米杯
麵2卷

作法

1. 將牛腩切塊後用清水洗淨，以開水汆燙後放置一旁備用。
2. 起一個鍋，將薑和蔥爆香之後，加入牛肉、米酒、醬油和水，小火滾煮二十到三十分鐘後即可。
3. 起一個鍋加水，煮滾後放入麵，燙熟之後加入已經熬煮好的紅燒牛肉湯即可。

永遠記得的旅行

旅程結束，落地台北松山機場，大家還是依依不捨，此時，就有人冒出了一句：「啊！揪想要甲鹹蜆仔配ㄇㄨㄞˊ（粥）耶～」

二〇一六年十月，我做了一件從來沒有挑戰過的事，帶全家人出遊。

隨時都可以帶著太后大江南北跑，但要帶著一家老小出國旅遊，從出道到現在，都還沒有這個能力可以靜下來細細安排，二〇一六年有一個很完整的空擋，每個人都各自努力喬了很久時間，盡其所能地排除萬難，因為對我、對大家來說，這都是很難得的機會，所以我們一行人包括阿公、阿嬤，太后與老爺，舅舅跟阿姨，格倫與幸芬還有弟弟，加我一共十個人，我包了。

從拿著十本護照在航空公司櫃台check in的那一刻開始，我佩服導遊。隔著電腦，訂票訂飯店訂餐廳都不覺得有什麼困難，到要出發的這一刻，才意識到我帶了一群加起來直逼六百歲的天團出門，而所有事都由我負責，突然間我的血液直衝天靈蓋，眼冒金星，等回過神的時候，已經坐在飛機上了。

在這個季節，我覺得對我們家人來說，泡湯是挺好的安排，在一個很精緻的日文網站上找到了很有歷史的民宿，地點則位於給我地圖也不知道在哪的西伊豆，下了飛機，一家人坐上預定的小巴，一路看著眼前風景，從市景到鄉景，從晴天到暮色，來到了一個小海灣，遠處看到了富士山，所有人都驚呆了，連我也是，因為這棟民宿就這麼一枝獨秀地佇立在海灣上。

舟車勞頓加上早起坐飛機，來到這裡泡泡溫泉看看海發呆，在我們到日本的第一頓晚餐，餐桌上大家你一言我一句的聊著，每個人都笑得自在，每道料理都吃得津津有味，尤其是阿嬤，每一種味道都要小做研究一下，都覺得新鮮有趣。

最貼心的是，民宿的人真的從好遠的麵包店幫我生出一顆精美蛋糕，讓我如願地在這個大家齊聚在一起的日子，為太后慶生（生日禮物就是這趟旅行囉！），更令人驚喜的是，阿公喜歡上的鐵壺，民宿老闆更是當作結交到一位識貨的好朋友般送給阿公，看到阿公這麼難得的開心，我也好開心。

謝謝這美好的民宿，這麼美的大自然，給了我們幸福的一晚。

泡溫泉還簡單點，進了城市可就厲害了，這兩三天我帶著天團逛澀谷、表參道、銀座六本木，偶爾定點逛街，又或是隨意走走，累了就一起找個地方喝杯咖啡坐坐，說起來應該要有點辛苦，沒想到因為大家的隨和，跟每個人心裡好像都有著想珍惜這份時光的心情，就算有些地方不如在台北的方便，但也當作是種體驗，出門麻煩點換幾次地鐵，也是當有趣，看看不一樣的民情風俗，當個傻觀光客拍照，吃吃不同美食。

一位朋友知道我們出遊人數多，在國外異地很難訂餐廳的困擾，出手幫忙為這趟旅程增添不少風采，也讓我們品嘗到不少美食，尤其以一家炸串專門店，讓所有人都驚豔，連我這個對炸物敬謝不敏的人，都感覺好吃到居然吃完了一整個套餐，謝謝朋友的安排，讓大家意外地吃到米其林一星級美食的厲害。

這一餐是我們這趟旅程的最後一頓晚餐，每個人都說很喜歡這趟旅行，各自說著自己印象最深刻的地方，一起大合照，我當然也為自己完成了這趟艱鉅任務的旅程，而感到開心，只是阿嬤看我結帳的時候，居然心疼地連眼眶都濕了，但還不忘再舉起筷子，把桌上沙拉吃得乾淨一點，這種不要浪費的愛心讓我們大家都笑了，阿嬤就是這麼可愛。

旅程結束，落地台北松山機場，怎麼大家還是沒有要分開的意思，還是依依不捨的時候，就有人冒出了一句：「啊！揪想要甲鹹蜆仔配ㄇㄨㄞˊ（粥）耶～」阿嬤無厘頭地冒出這句話，全部人都大笑了。

山珍海味風景絕倫，但，還是家最好。

鹹蜆仔

很有台灣味的小點心，鹹鹹香香辣辣，帶著鮮甜海味，一口咬一個，嘗在嘴中，那是家的滋味。

材料

蜆仔1斤
醬油3/2米杯
蒜頭5顆
辣椒1根
米酒2大匙

作法

1 將蜆仔洗乾之後，放入冷凍庫，直至蜆仔殼打開。
2 將蒜頭及辣椒剁碎，加入醬油內，再加入米酒混和。
3 將做法2做好的醬料，倒入蜆仔泡二十四小時即完成。

Chapter 5

長大與回首

長大後我才發現
最大的自由，是認識自己
回首後才醒覺
光陰走得比你想的還快
很多美好的記憶
還來不及想起，你就已經忘記了

不用說出口的愛，我懂

阿公專注著嗑著魚頭，我忙著東吃一口西吃一口，兩個人雖然沒有交談，但就是有種聯繫牽著，靜靜地一起做一件事。

這幾年能上山跟他們兩老聚一聚的時間，變得是要特意安排了。有好有壞，比較好是提前空出的時間可以比較長，甚至一整天，壞處是見面的機會沒有以前這麼頻繁。

所以現在只要阿嬤一知道我哪天要去家裡吃飯，那桌上每一道菜都是為我煮的，而在長輩眼裡，每個子孫好像都營養不良一樣，催著每道菜都要吃，沒兩句話就叫我多吃一點，是一種餵神豬的餵法對待。

阿嬤一直都知道我喜歡吃魚，從小蒸的煎的魚總是輪流上場，尤其最愛魚肉偏細，又有些不負擔的魚油最好。最近的新歡就是破布籽午仔魚，用鹽稍微醃過下去蒸，所有調味就靠那古早味的破布籽，除了吃得到於本身的清香以外，破布籽獨特濃郁、帶點鹹帶點酸的味道，搭上蒸魚逼出來的湯汁，爽口不油膩，而且還挺配飯的。

如日常，在阿公的禱告帶領下準備要開飯了，當我自己禱告完一睜開眼，看到盤子裡兩塊從午仔魚上挑出來的魚鰓肉，不用猜都知道一定是阿公挑的，人家都說魚鰓肉是魚活動最多的地方，所以最好吃，從小到大，只要桌上有魚，阿公都在還沒有人動筷前，就把最好吃的兩塊肉夾給我，從來沒有改變過，阿公自己都吃魚頭，每個地方都可以吃得乾乾淨淨的。他都說，魚頭是他最愛吃的地方，誰不知道那是因為他都把魚肉讓給大家吃。

阿嬤還在廚房忙，我和阿公爺孫倆已經開動了，阿公專注著嗑著魚頭，我忙著東吃一口西吃一口，兩個人雖然沒有交談，但就是有種聯繫牽著，

靜靜地一起做一件事，頓時間腦海中閃過好多的畫面，最明顯的就是兩個背影一大一小、一起做了好多好多事，

一高一矮的拿著水管在澆花，我都快把花澆死了，

一前一後的跟著去河邊釣魚，我都抓著阿公的屁股口袋走，

最常在一起的畫面，是跟阿公對坐，

看著他細心的在翻修藝術品，花瓶破了，用他的巧手可以補起來，茶壺上繁瑣的中國結每一個都是他綁的，撿回來好多像垃圾的東西，被他整理起來怎麼就變漂亮了呢？

阿公一個一個的告訴我每個他收集的寶貝是什麼年代，年代裡有什麼故事，為什麼這些東西有價值，

因為歷史，因為人，因為物質本身的歷練，因為珍惜。

這一老一幼的背影，在這個世界裡，不一定要交談，更沒有諄諄教誨，一兩個簡單的拍拍頭，我都知道他有多麼疼我，我是他的掌上明珠，深怕我遭遇困難危險，又想放任我親自體會這世界的矛盾，都在他溫暖又不善表達的眼裡。

父親這角色，在成長過程對孩子來說，影響的是價值觀，但在我們家，

阿公在價值觀上對我的影響更深，因此，我念舊，很念舊，我會捨不得每個幫忙過我的物件，要汰換的時候，都要讓我抱抱它才可以丟，甚至有些都還有它們自己的小名，我的行李箱叫大鋼狼，陪我世界各地到處冒險，我的車叫小白公主，它就是有那麼點嬌氣。

所有物質，都是因為人對它的珍惜而有價值。

珍惜你有的，好好照顧你擁有的，這些沒有生命的東西，相信會因為你而發亮。

破布籽午仔魚

除了吃得到魚本身的清香以外，破布籽獨特濃郁、帶點鹹帶點酸的味道，搭上蒸魚逼出來的湯汁，爽口不油膩。

材料

午仔魚1條（約1台斤重）
破布籽1勺
蒸魚露1大匙
薑少許
蔥少許
辣椒少許
油2大匙

作法

1 將薑切片之後切成絲，蔥跟辣椒也切成絲之後，一起備用。
2 將午仔魚加上破布籽淋上蒸魚露和油，放上薑絲、蔥絲及辣椒絲，用大火蒸二十至三十分鐘即可。

AR88
2L0
黏

SKY BLUE

另一種見家長

這兩老人家逢人就託別人照顧我，說起來有點好笑，是我有這麼需要被擔心嗎？也許吧，再有能力、再怎麼長大，在兩老眼中，就是小孩。

我覺得總有一種說不出的緊張感，在阿嬤見到我喜歡的人的時候。有個穩定的交往對象時，就會想帶去教會走走，那些我小時候長大的地方，還有會一會阿嬤一家人，感受家的溫暖，我在這長大的。反過來也想讓阿公阿嬤審核一下有沒有甲意，看看這對象順不順眼吧！

阿公阿嬤一向對我帶來的朋友來者不拒，我的好客就像遺傳自他們，每次都會帶上一幫人到阿嬤家吃飯，只要特別只帶一個男生來家裡吃飯時，總是有種特別的氣氛。

「阿嬤，我們在路上了，差不多中午到。」準備開往三芝的路上我打電話給阿嬤，回頭就跟當時的他，說著阿嬤的手藝，滔滔不絕的有種小孩在獻寶的感覺，單純地想把這份愛也感染給對方，但也有種從胃湧上來的緊張感，我也搞不清楚我是興奮還是緊張了，只想趕快到達目的地。

阿公在大門口招呼我們停車，熱切地跟新面孔握手歡迎，然後帶著他一路隨性地介紹花園裡細心照顧的一草一木，領著穿越阿公設計的小道，迎接的是還沒進門就聞到的飯菜香，我大聲喊「阿嬤～」，阿嬤也親切俏皮的「噢～喔」，帶點小跑步的到廚房撒嬌問問今天要煮些什麼，當然也都知道每道菜一定都是我愛吃的，然後就準備來切入正題了！

「阿嬤，我今天有帶朋友來。」我用一種聽不出來是什麼語氣的說完。阿嬤說：「厚啊！幾個人？夠不夠吃啊？啊！我有多煮一鍋滷肉。」

「阿嬤！你不要擔心啦，就一個人。」我打斷她要繼續擔憂食物夠不夠的心情，這句話好像瞬間吸引了她的注意力。「喔？喔～終於帶來囉？很好啊，叫他勾但幾勒（再等一下），阿嬤快煮好了，腹肚夭啊吧？」

我聽她這回答，只能說薑還是老的辣。

還沒等阿嬤忙完，怕我們肚子餓的阿公催促著坐下，帶領我們禱告後，阿嬤繼續回去爐前，阿公就開始介紹桌上每道古早味，客人每吃一道只要說出「阿嬤好好吃喔！」的讚美，兩個老人家就樂不可支，在看到他癡迷於阿嬤的滷肉，配著吃了三大碗白飯，幾乎就贏得兩老的心吧！

飯後，阿公坐上他專門的泡茶位置，聊著我小時候的趣事，好讓客人也認識我這小妞，想到什麼就去翻出來我小時候的照片，好多照片後面都有阿公親手寫的旁白，有些真是好有幽默感。我們也會聊聊阿公的收藏，這一整間屋子每個小東西的故事。此時，阿嬤一手一小碗地端過來我們喝茶這邊加入聊天，那是一碗剛煮好的金瓜粥，在山上有點濕冷的天氣中，什麼時候來碗熱呼呼的暖胃小品，都是明智之舉，沒想到又是微甜不膩的甜點，鹹甜永遠都是不同的胃。

阿嬤邊吃邊說著住在山上的種種趣事，在看著我的朋友又把一碗金瓜粥吃完時，她笑得合不攏嘴的，笑著笑著緩口氣，接著說：「看你也是個好人，就多多照顧言耶！」

我有點愣住了。

阿公笑笑的帶點隨性地說：「言還是個小女生，還是有讓我們會擔心的地方，我們也不常在旁邊，你們年輕人多互相照顧啦！」朋友熱切地回應，兩老也笑著。我說不出來的感動，這兩老人家逢人就託別人照顧我，說起來有點好笑，是我有這麼需要被擔心嗎？也許吧，再有能力、再怎麼長大，在兩老眼中，就是小孩。

回程的車上，剩下我跟男朋友的空間。我笑他今天也吃太多了吧！幹嘛硬撐啊！他說他是真的覺得很好吃，他沒有硬吃，只是現在撐死了。我倆大笑。接著他說：「我很喜歡阿公阿嬤。」

打從心底地笑了。

我回頭說：「我也很喜歡他們。」

金瓜粥

這一碗熱呼呼的暖胃小品，是微甜而不膩的甜點，即使已經吃飽了，還是想要再嘗一碗。

材料

南瓜3/4顆
圓糯米2台斤
糖2/3湯匙
太白粉5大匙
水6米杯

作法

1 將南瓜洗淨後切開，除去內部的籽切成好入口的塊狀。
2 將糯米用清水洗淨，加入水中開始熬煮。
3 最後再以太白粉和水勾芡，即可完成。

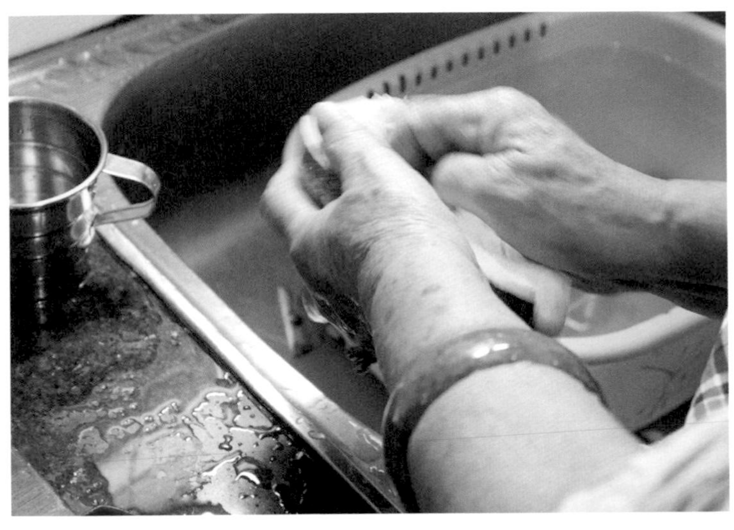

太后的最愛

這個下午，太后跟我說了她的米粉故事，這些點點滴滴，都讓當年新進入一個家庭裡的太后，有了溫暖的慰藉。

這一篇，我要來說我媽媽，太后。

太后是個生性浪漫的人，對感情傻得可以，對錢也笨得沒什麼概念，手腳不是特別靈敏，最棒的一技之長就是美美的擺在那裡。

但她成功地一手把我帶大了。

小孩長大後，才會發現「帶小孩長大」這件事有多麼不容易，尤其又在獨自面對時。所以現在很多時候，例如：看到自己身上有她的影子的時候，或者發現她很早以前就跟我說過的事，我到現在才懂的時候，又或者當我開始看到身邊親朋好友教育小孩的時候，這些種種時候，我都挺佩服太后的。

炒米粉一直是太后的最愛，小學放學一起走回家的路上，太后的點心是炒米粉，我偶爾來杯珍珠奶茶，肚子餓的話就來片蔥油餅，而太后的選擇總是始終如一，好像永遠都不會膩。

我們家裡沒有吃宵夜的習慣，所以就算拍戲日夜顛倒，那些太后陪著我在劇組生活的日子裡，唯一會讓她破戒吃的宵夜，就是炒米粉，我會看到她自動起身去拿一份給自己，隨口問一句我要不要吃，但連傳遞給我的動作都沒有。

陪我去巴黎讀書的那三個月，人生地不熟語言又不怎麼通的母女倆，最初找不到房子，沒幾天就搬一次B&B，白天不斷闖蕩新的城市，晚上又要適應新的環境入眠，累到太后撐不住，大病發燒了兩天，退燒後的第一天，她說要吃炒米粉。

我找了半個中國城，沒有炒米粉，只好自己買料回B&B炒，完全沒有任何台灣調味料的狀態下，我炒了個橄欖油胡蘿蔔香菇雞肉絲米粉，只有用鹽巴調味，她也把這四不像米粉給吃了，然後昏睡了一晚，隔天一早，她早起幫我做早餐，整理服裝儀容，收起小腹，開始一天的挑戰。

只要我提起太后愛吃的米粉，腦袋裡就會出現對這食物最關鍵的聯想畫面，那是我們第二次搬回去阿嬤家住，到底發生了什麼事我從來不知道，也許就是當時的生活壓力，壓垮了一個獨力照顧小孩的媽媽，讓她在我眼前的背影，是這麼受挫。

阿嬤要我去找阿公聊天，回頭看向阿嬤與太后對坐，中間隔著一盤冒著煙的炒米粉，這畫面在我記憶裡定格了。

每一次到阿嬤家，真的幾乎每一次，阿嬤都會炒一鍋米粉，讓我們有意無意吃幾口外，全部都讓太后打包，在家閒來沒事，太后就會熱一點米粉，當小零嘴來吃，配一杯熱茶也挺愜意的。

也就在這個下午，她跟我說了她的米粉故事——外婆的炒米粉，讓她在阿嬤的米粉裡找到一點影子，還有太婆的炒米粉手藝，這些點點滴滴，都讓當年新進入一個家庭裡的太后，有了溫暖的慰藉。

放學時間吃的那碗米粉，也許是她今天的第一餐，等等要跟我一起晚餐，就吃個炒米粉墊胃，便宜又實惠。

那些拍戲的日子，給自己的小確幸宵夜，則是讓她告訴自己：我女兒還在工作，我就不能倒下。

而我的四不像米粉，反而讓她相信，我可以開始照顧自己了。

至於阿嬤的炒米粉，則給了她一股安定的力量，讓生命中一切委屈，都變成有意義。

太后的朋友，常說她能把我帶大，真是種奇蹟，而走在自己的成長路上才能體會，經過重重關卡才能淬煉的某種氣質跟意識，在她身上顯現。

金瓜米粉

每個家庭，都有一道專屬於媽媽風格的炒米粉，不管離家多遠多久，一吃到炒米粉，就會得到一股安定的力量。

材料

米粉1包
南瓜3/4顆
香菇5朵
肉絲2兩
開陽（乾蝦米）1兩
洋蔥1顆
胡蘿蔔1/4條
豬油3大匙
醬油1大匙
糖1大匙
胡椒粉1茶匙
鹽1/2茶匙
水5米杯

作法

1 香菇、洋蔥及胡蘿蔔切絲後備用，南瓜切小塊。

2 將米粉用滾水煮熟後撈起放置一旁備用。

3 起一個熱鍋，放入三大匙豬油，爆炒豬肉絲後，加入香菇絲、胡蘿蔔絲及洋蔥爆炒至香味出來，轉小火，加入南瓜、水、醬油、胡椒、糖、鮮味粉、鹽、開陽（乾蝦米，也就是俗稱的金勾蝦）及蒜，拌炒均勻。

4 最後加入燙熟的米粉，再與配料一同拌炒均勻後，轉大火炒約一分鐘即可起鍋。

BEAR

虎父無犬女

我被我爸說的話給定住了，一方面是阿嬤真的是這樣的人，也許我真是這樣被影響的，另一方面是對我爸，原來他有看懂我。

我跟我爸爸有點距離感，小時候覺得他是遙遠的山，這幾年才近一點，看懂了原來我跟他有這麼像，我都說他像天外奇蹟的壞脾氣爺爺，他都說我一個女孩子這麼強勢，虎父無犬女，當然一山不容二虎吧！

難得約上山去阿嬤家吃飯，雖然經驗累積下來，每次去阿嬤家氣氛都挺好，但總有不愉快的隱憂，幸好阿嬤的料理從沒被挑惕過，吃的好心情也好，話匣子一開什麼都別擔心了。

在一群人掃光光七八道菜之後，阿嬤拿著一個電鍋裡的內鍋往桌上一放，我問說：「這什麼？」

「米糕啊！」阿嬤回的理所當然，催促我們各自挖一點吃。

我覺得挺好吃，糯米很香，桂圓的甜又不是太甜，回頭看我爸，他放進一口之後咬了好久好久，看向阿嬤認真的說：「妳怎麼煮的？」

阿嬤回應了料理過程，講得很家常便飯，

我爸看著我媽，再看向阿嬤，伸出右手比出大拇指，表情讚賞的，說：「這桂圓米糕，有我阿嬤的味道，我已經幾十年沒有吃到這個味道了。」

阿嬤「嘿嘿嘿」的笑著回應，有點神氣的高興，踩著那渾厚義大利媽媽的律動腳步，走進廚房燒熱水準備泡茶。

場地移到客廳，我爸開始講起他兒時調皮搗蛋的回憶，他的阿嬤（也就是我的阿祖）是什麼反應，又怎麼樣溺愛孫子的種種故事，阿公邊泡茶服務大家，也聽得津津有味，我媽跟其他聽眾每個人的手都不自主的一直往那鍋米糕挖，不知不覺的，鍋就見底了，話題依舊沒斷，談論主角卻延燒到我頭上，總是又回提起我小時候種種讓大家印象深刻的故事，大多都是什麼倔強、固執、不認輸之類的為主軸，怎麼大家可以聽這麼多遍我的兒時趣事還不嫌膩，我也是不太理解……。

「我知道言最像誰了！」故事講完我爸接著說。

「言個性最像她阿嬤，這種個性不抱怨，做比別人多也沒關係，也不認輸，遇到什麼事也就先站起來再說，甘願忍辱，永遠都向前走。」

阿嬤又嘿嘿嘿的帶過了，說著辛苦也有辛苦的快樂啊！一家平安就是快樂，我倒是被我爸說的話給定住了，一方面是阿嬤真的是這樣的人，也許我真是這樣被影響的，另一方面是對我爸，原來他有看懂我。

一鍋桂圓米糕，紅一塊、白一塊，拌也沒拌均勻，一看就知道阿嬤隨性攪一攪的，但花了一天泡進糯米裡的桂圓香，配上一點微脆的鍋巴，就是有個家的味道。人與人之間，是相處出來的，哪怕是血緣，是家人。

桂圓米糕

一鍋桂圓米糕，紅一塊、白一塊，拌也沒拌均勻，配上一點微脆的鍋巴，就是有個家的味道。

材料

圓糯米4杯
龍眼乾4兩
酒3杯
糖10大匙

作法

1 將糯米用清水洗淨瀝乾。
2 將酒和龍眼乾加入洗淨的糯米鍋中，放進電鍋，煮好一次後，打開攪拌均勻，再煮一次，再打開加入糖攪拌均勻後，最後再煮一次即可。

一把火

我的眼淚奪眶而出，什麼回憶都回來了，當歸紅棗枸杞雞湯連結了小時候，到此時我才明白，原來真正懂的時候，竟有這麼痛。

那是一個上完英文課，太后來接我一起坐公車回家的晚上。

一如往常，我身上背著從早上就帶去學校，直至現在的書包，沈重地壓著我只有太后一半又多一點的身高，但我一點也不在意，只顧著跟太后說著今天發生的新鮮事。

那時我跟太后住在一間五樓的公寓，一階一階走著，嘴巴也沒停著說話，就在要進家門前的沒幾個樓梯，我看到一個好熟悉的東西遺落在階梯上，是一條手鍊。不知道該不該撿的我回頭問太后：「媽，這個手鍊好像我的喔！可是為什麼在這邊？」太后撿起手鍊，也是一臉疑惑，突然動作加快地往上向家門口衝，我見狀也跟上腳步，看到她定格僵在門口，往她的視線一看，我也僵住了，我們家大門被敲開，大鎖消失，門敞開著。

我們遭小偷了。

家裡凌亂不堪，每一處都有被翻箱倒櫃的痕跡，展示櫃上好幾個瓷器都不見了，客廳廚房任何一處都不放過，我速速衝去看我的房間擔心著我自己的收藏品跟我藏的零用錢，房間看起來一切安好，讓我鬆了一口氣，回頭要去找太后在哪裡的時候，只看到她房門大開，跪在一個所有抽屜都被拉開的五斗櫃前面哭，哭了好一陣子後就說，外公臨走前留給她的東西都被偷走了。

警察來我們家做完所有程序後，我跟太后就往阿嬤家移動了，路上我一句話都不敢多說，我可以感覺得到她的難過，也不知道該說什麼，心裡暗暗地希望車開快一點，可以趕快見到阿嬤，有一個安全的地方棲身。

到阿嬤家時已經半夜，這老人家門也沒關，就站在門口等我們，阿公接過我們倆簡單的行李，嘴上說著要住多久就住多久，腳步不停歇地領著我們到客廳禱告。

這一晚，沒人睡得著，阿公把我們的床都鋪好了，但我們三人還是坐在這個比鄰著廚房的飯廳，這個再熟悉不過的座位，阿嬤熱了一鍋雞湯給我們喝，太后一開始說不要，但因為阿嬤堅持，她只好接過盛好的湯，喝了一口，忍不住哭了出來。阿嬤對太后說：「妳就當一把火，把妳的全部都燒沒了，人還在什麼都沒關係！」

太后：「我爸爸留給我的，小偷都拿走了。」

阿嬤眼眶一濕：「啊……有回憶的東西，最不捨了，對人的、對感情的，有個東西能留念，一輩子都會記得，啊……阿嬤揪不甘誒……。」

太后還是啜泣著，我坐在她們對坐的中間，一來一往的安慰難過，散落在這空間裡的溫暖與心碎……。

這一晚，我們都深深記得。

大人們都很會藏心事，藏著藏著有時也就遺忘了，我們都說這是因為社會化的緣故，殊不知有時候是我們自己選擇遺忘，遺忘就不用面對，就能簡簡單單的度過。

這一次，我有三個月沒有上山看他們倆老人家，阿嬤硬是打了一整個禮拜的電話給我，就是要我上山吃飯。

好久沒有吃到阿嬤的菜，狼吞虎嚥地吃得一肚子歪，坐在飯廳連站起來都懶，阿嬤拿了一籃要揀的地瓜葉坐在我旁邊，明顯地暗示著要我開始報告最近動態，我也就順著她的問題回答，從工作到太后再來是感情，阿嬤問我怎麼很久沒聽到他的消息了，我也就一五一十的回答她，像講別人的故事一樣，清清楚楚的。

到了下午時間，阿公出門要去接孫子下課，我從搖椅上醒來，才知道已經睡了好一陣子，阿嬤又叫我過去吃東西，乖乖的坐在飯廳，阿嬤從廚房拿了一碗雞湯給我，我說我吃不下，她硬是叫我喝。

我喝了一口，溫潤安定的感受，讓我確定絕對可以吃完這碗湯，阿嬤過來坐在我旁邊，這次沒有拿任何菜籃。

我一面喝湯時，她拍了拍我的頭說：「妳啊，就當一把火，把什麼都燒掉了。」霎時間，我的眼淚奪眶而出，什麼回憶都回來了，當歸紅棗枸杞雞湯連結了小時候，這句話到底是什麼意義，到此時我才明白，我才知道原來真正懂的時候，竟有這麼痛。

阿嬤接著說：「不管妳付出了多少，感情也好、時間也好，錢也好、東西也好，妳什麼都沒有，只要人在，什麼都沒關係。」

我的人再也動不了，只有眼淚滴滴答答的落在餐桌，我說：「阿嬤，我真的很難過，很多我很珍惜的，都沒了……。」

阿嬤摸我的頭，比剛才更大力的摸著，嘴裡說著她的不捨，彷彿試圖要透過溫熱的手掌心，傳遞給我力量一般，不斷地注入溫暖跟意志給我，讓我知道這些痛苦到頭來都會過去。

面對不甚勇敢，真正的勇敢是能打掉一切重新再來。

我在阿嬤身上看到了，在太后身上也看到了，堅毅勇敢女人應有的樣子。

當歸紅棗枸杞雞湯

熱呼呼的一碗雞湯，有著滿滿的養生食材，還有烹煮者想要傳遞，暖暖的力量與情感。

材料

雞腿1隻
紅棗10顆
人參鬚少許
枸杞1把
當歸3片
山藥1/3條
米酒少許
水6米杯

作法

1 將雞腿用清水洗淨後以開水汆燙去血水後，取出備用。

2 再起一個熱鍋，倒入六米杯的水煮滾，水滾後倒入雞腿加入紅棗、人參鬚、當歸及山藥塊，轉小火煮至食材香氣出來，再加入米酒及枸杞滾煮五分鐘即可.

煮光陰・煨感情

生命裡每一段改變，每個挑戰，每一次不願意放過自己的歷練，每一個意外的跌倒，都是看到自己的機會。

當一切都搞清楚之後，你才會發現你不了解的是自己，當你意識到要了解自己時，那才是你人生的開始。

這篇是這本書的最後一篇，分享我的故事跟阿嬷的食譜，在寫完滿滿地這一本書，回頭看了自己的過往之後，才發現，成長是急不來的，每一個靈魂塑造的開始，每個個性的培養，每個轉換的思維，就連犯錯都得學，到了今天我都還在努力讓自己更好，所以成長，真的是急不來的。

從小就一直在做超齡的事，也覺得被說早熟不是什麼不好的事，反倒像是個良好標籤。到現在長大了，才覺得真正到了那個時間，那個年紀，或回到該有的精神年齡與實際年齡接近同步時，那才是真正的踏實感。

前些時候，受邀寫了篇文章，題目是要給五十歲的自己。我不禁開始想，五十歲的我，到底會是什麼樣子？我會在哪裡？我有小孩嗎？我的家庭長什麼樣子？還是我驕傲的維持單身？我能夠自己一個人生活嗎？

對！親愛的你，你能夠自己生活嗎？能夠與自己共處嗎？

這才是最根本的問題，這不是只給自己五十歲的疑問，這也是給現在的你，我們到底夠不夠瞭解自己，能不能由自身給予自己真切的安全感，能不能放開每一個情緒，能不能由自我的意識去安排自己的時間跟人生，最重要的是，你到底有沒有，你自己？

到了今年，踏入了另一種階段，經過了十幾歲的懵懂，二十幾歲的天不怕地不怕，才有了現在開始靜下心來的體悟，心態會變，你在意的也會變，以前覺得重要的突然明白沒那麼重要了，而以前不覺得來不及的，現在會覺得來不及了。

我想每個人都一樣，我們生活的社會有很多的聲音，很多不同的選擇，還懵懂的時候都會盲目的跟著大家的聲音走，可是其實那不一定是適合你的，常常只想跟得上其他人的腳步，卻不知道到頭來追求的是什麼，很長一段時間，我也是這樣，直到生命裡每一段改變，每個挑戰，每一次不願意放過自己的歷練，每一個意外的跌倒，都是看到自己的機會。

今年為了準備這本書，停下了腳步，給了很多的時間與空間，讓我能好好地面對這一路來的每個階段，看看這些過往的階段，在我身上留下了些什麼，過去是說給自己聽的故事，這些故事造就了現在的身心靈。

生命裡酸甜苦辣都有，都有不同的滋味，我用味道記憶我的成長，成長裡有紀錄大時代背景下的螺蒜湯，還有人人都可以來一碗的滷肉飯，或是千百種不同配方的牛肉麵，說到底我也算是個台妹，我熱愛台灣的每一味。

老人家做菜永遠不太精準，全憑他們的「手路」，看著阿嬤，那個你不得不承認已經在駝的背，開始會掉了幾片記憶，雖然她依然開朗無比的面對自己的小疏失，但總覺得是不是還能做點什麼，是不是還能繼續傳達她教我的事，這三十道菜，跟著阿嬤隨著拍攝過程再走了一次，一起做菜，一起聊一些無關緊要的事，一起體會著古早味，一起學著阿嬤的古早心，煮著光陰，煨著人與人之間，最重要的感情。

螺蒜湯（螺肉蒜）

眾所周知的著名酒家菜，訴說著台灣古早一代的風華歷史，也記錄著我的成長故事。

材料

螺肉罐頭1罐
魷魚乾1/2尾
瘦肉片4兩
高湯1罐
水1米杯
蒜白2支

作法

1 將魷魚乾剪成小段，泡水軟化後，放置一旁備用。

2 起一個熱鍋，將螺肉罐頭倒入鍋中，加入高湯、水、魷魚段、瘦肉片及蒜白切段，煮至滾開後即可食用。

ひょう がら

煮光陰

【我與阿嬤的好時光】

國家圖書館出版品預行編目 (CIP) 資料

煮光陰：我與阿嬤的好時光 / 劉品言著 . -- 初版 .
-- 臺北市 : 四塊玉文創 , 2017.10　面 ;　公分
ISBN 978-986-95505-0-5(平裝)

1. 飲食 2. 食譜 3. 文集

427.07　　106017101

作　　者　劉品言
封面題字　劉芮寧
人物攝影　蔡宙旻
食物成品攝影　楊志雄
編　　輯　羅德禎
封面設計　劉錦堂
美術設計　曹文甄
校　　對　吳嘉芬、林憶欣

發 行 人　程顯灝
總 編 輯　呂增娣
主　　編　翁瑞祐、羅德禎
編　　輯　鄭婷尹、吳嘉芬
　　　　　林憶欣
美術主編　劉錦堂
美術編輯　曹文甄
行銷總監　呂增慧
資深行銷　謝儀方
行銷企劃　李　昀

發 行 部　侯莉莉
財 務 部　許麗娟、陳美齡
印　　務　許丁財
出 版 者　四塊玉文創有限公司

總 代 理　三友圖書有限公司
地　　址　106 台北市安和路 2 段 213 號 4 樓
電　　話　(02) 2377-4155
傳　　真　(02) 2377-4355
E - mail　service@sanyau.com.tw
郵政劃撥　05844889 三友圖書有限公司

總 經 銷　大和書報圖書股份有限公司
地　　址　新北市新莊區五工五路 2 號
電　　話　(02) 8990-2588
傳　　真　(02) 2299-7900
製版印刷　卡樂彩色印刷製版有限公司
初　　版　2017 年 10 月
定　　價　新台幣 380 元
I S B N　978-986-95505-0-5 (平裝)